コケ見っけ！

日本全国もふもふコケめぐり

Koke trips around Japan

藤井久子

家の光協会

目次

この本をお読みになる前に

＊この本で紹介している情報は、とくに表記がない場合は2021年6月現在のものです。情報は諸事情により変更される場合があります。最新の情報は現地のホームページなどでご確認ください。
＊「コケ」の表記は、基本的にカタカナの「コケ」に統一していますが、「苔庭」、「苔生す」、「苔の花」のような熟語、固有名詞は漢字表記の場合があります。
＊国立・国定公園内の特別地区では動植物の採取は規制されています。また、他者の所有地から無断でコケを採取したり、自然界のコケを根こそぎ採取するようなことは絶対にやめてください。

3 chapter 苔庭

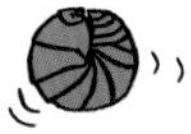

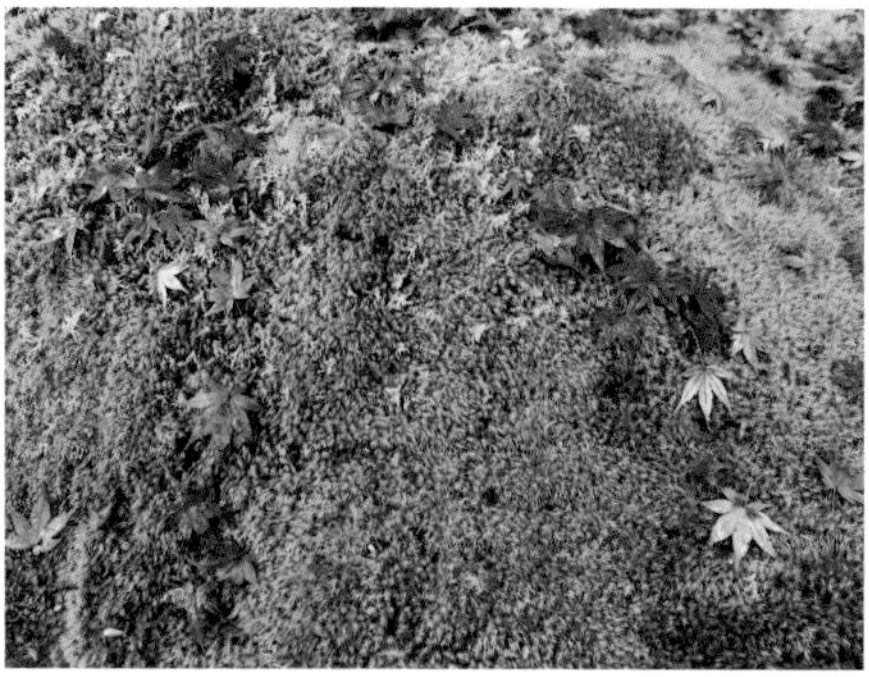

4 chapter 山と渓谷

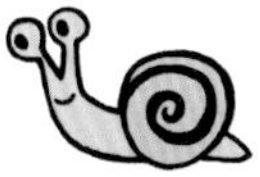

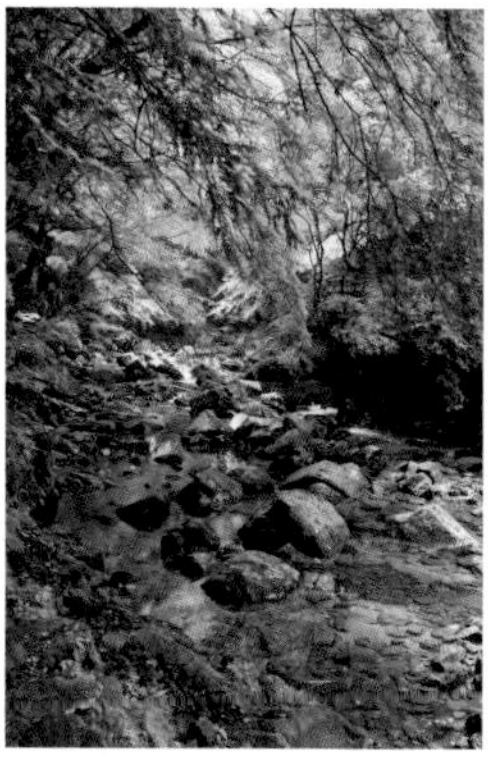

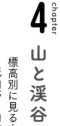

はじめに

目に見えないほどの小さな胞子が、今日も風に飛ばされ、雨に流され、あちこちへと広がって群落をつくっていきます。植物が初めて水中から陸へ上がったのがおよそ四億五〇〇〇万年前。その陸上植物の祖先の性質を大きく受け継ぐコケの営みは、太古の昔から今日までさほど変わっていません。長い時間をかけてできあがったコケの森も、最近できた道端のつつましい群落も、成り立ちはみな同じ。そして、そんなコケの群落が蓄えた水や土壌をよりどころに、土地のさまざまな動植物が集まり、個性豊かな美しい自然環境をつくっていきます。

この本ではこれから、そんな日本各地で見られる大小さまざまなコケの名所を紹介していきます。すでによく見知った場所にも、不思議で奥深い魅力にあふれるコケを通して見る世界には、きっと新しい発見があるはずです。コケに意識を向けることで初めて見えてくる日本各地の〝異世界〟へ。あなたも旅しに出かけてみませんか。

chapter 1

コケめぐりに出る前に

little tips when taking Koke trips

行き先は近くても遠くてもまずはコケにピントを合わせることからすべては始まります。

コケめぐりことはじめ

「コケめぐり」とは？

コケを求めて各地を歩き、旅することをこの本では「コケめぐり」と呼んでいます。コケは小さくて目立たない生き物なので、最初はとにかくコケを意識して、地面に視線を向け、いつもより歩くスピードを落として進むのがコケを見つけるコツ。いったんコケにピントが合うと、今度は不思議なくらいあちこちからコケが姿を現してくるようになります。

コケに出会ったら、「きれいだな」「かわいいな」と眺めるもよし、写真を撮るもよし、またルーペで観察したり、図鑑と見比べたり、スケッチしたりと、コケを傷つけないように気をつけながら自由に楽しみます。

そうしてコケを愛でながら歩いていくと、知らず知らずのうちに行動範囲は広がっていきます。筆者の場合、月に一度は電車で一時間くらいのちょっと遠くまで、年に一度は新幹線や飛行機に乗ってコケをめぐる旅へと出かけます。

移動しても、しなくても

コケのためにわざわざ出かける、時には新幹線や飛行機も使って遠征するというと、なんだか特別なことのように思うかもしれません。でもじつは、家の近所のコケに近づ

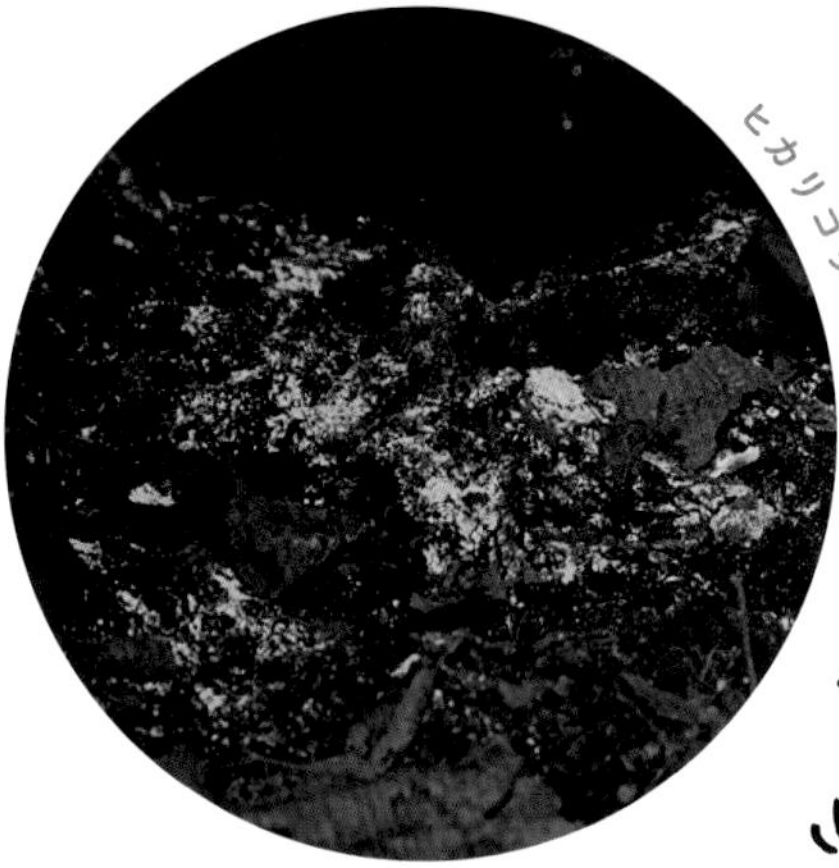
ヒカリゴケ

こちらは
本州中部以北に
生育しているよ。
国の天然記念物です

くだけでもコケをめぐる旅は始まります。ルーペでコケの群落をのぞいてみれば、その壮大な緑の森に驚き、コケが包み込む小さな命の世界に感動し、現実の世界からふっと足が離れたような恍惚のひとときがあなたを待っています。物理的にはほとんど移動していなくても、こうした短時間の心の旅も、立派なコケめぐりの一つです。

所変わればコケも変わる

幸いなことに、コケは緑の少ない都市部であっても、土の上に、岩上に、木の幹に、さらにはビルの屋上、マンホールの隙間など、そこかしこに生えています。気軽に訪ねられる旅先は、身近にあふれているのです。

しかし一方で、コケは地域の違いによって見られる種類が変わるものでもあります。とくに日本は国土が南北に細長く、気候や地形の変化に富んでいて、四季もある。また島国なので海に囲まれ、雨も多い。面積の小さな島国でありながら、多様なコケが生育する世界有数のコケ大国です。地域によって「その土地ならでは」の美しいコケの景観に出会える魅惑の国、ニッポン。ひょっとす

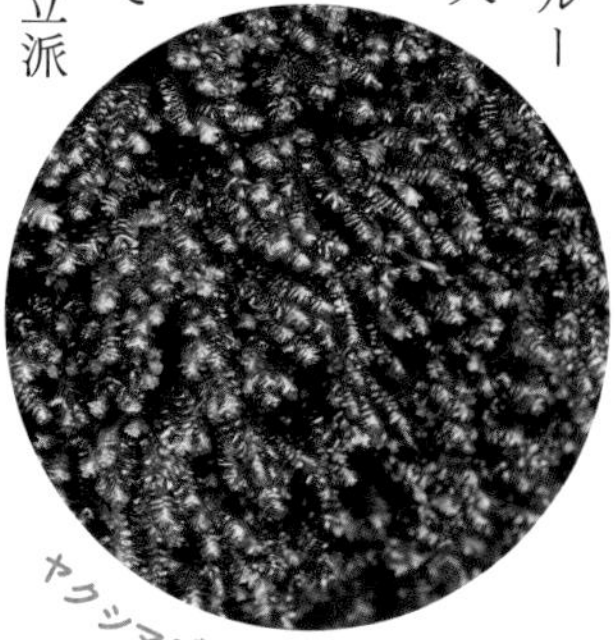
ヤクシマゴケ

こっちは
南方系のコケ。
日本で見られるのは
屋久島だけだよ

コケは〝生き物の
縁の下の力持ち〟
なんて言われるけど、
別に役割がなくたって
生きててもいいと思うのよ、
ほんとは
コケが言うことは
奥が深いね
なるほど〜

ると他国のコケ愛好者から見たら、うらやましいほどコケめぐりに適した国なのかもしれません。

コケめぐりの醍醐味

コケが豊かな場所は、その一帯の自然度も高いといわれています。大小無数の生き物が互いに影響を与え合い、循環することで自然環境を支える「生態系」を考えた時、コケはどんな役割を果たしているのでしょうか？

「コケは生き物のゆりかご」「コケは地球の絆創膏」「コケは森の掃除屋であるキノコの成長を促す」など教科書的な答えはいくつかあります。でも、まずは自分でコケを見て、感じて、考えてみることに、コケをめぐる旅の醍醐味はあるのだと思います。考えていくうちに、きっとコケのことだけでなく、他の生き物の生態や進化、地質や気象、地球の環境問題、自然を巧みに取り入れてきた日本文化のあり方など、さまざまな分野へと興味が波紋のように広がっていくはずです。

とはいえ最初はそんなに構えずに、まずはコケに焦点を合わせて歩くことに集中、集中。コケ目で歩けばコケはもちろん、行く先で出会うものがいままでよりもぐっと鮮やかに見えてきます。年齢や経験値によることのない、突然、

自分の中に新たな目が開かれたような発見と喜びは、まさに一生の宝物。これこそコケめぐり最大のロマンです。

さぁ、どこへ出かけよう？

旅先選びで迷ったら、本書にリストアップされている場所はもちろん、コケの専門家たちが選定する「日本の貴重なコケの森※」を参考にしてみるのもよいでしょう（詳細は巻末一七〇ページ参照）。なかでも「コケの三大聖地」と呼ばれる奥入瀬《おいらせ》渓流、北八ヶ岳《きたやつがたけ》、屋久島《やくしま》は、現地にコケに詳しいガイドや専門家によるツアーがあるので、初心者でも充実したコケトリップが楽しめます。

「コケのためだけに旅に出るのはまだハードルが高い……」という人は、手始めに家族旅行や帰省の際に立ち寄れそうなコケスポットから訪ねてみるのもおすすめです。

※日本蘚苔類学会（にほんせんたいるいがっかい／コケの研究者を中心に、専門家、アマチュアなどのコケ愛好家らが集う学会）が、近年、日本国内のコケの美しい場所が少なくなりつつあること、また多くの種類が絶滅の危機に直面するようになったことを受け、日本の貴重なコケの群落やコケが景観的に重要な位置を占める場所の保護・保全を目的に選定している。二〇二一年六月現在、選定エリアは二九か所に上る。

コケめぐりの準備

服装

街でも山でもコケをじっくり見ようとすると、ひざやひじをついて地面にうずくまったり、木にはりついたりすることになります。なので、動きやすく汚れてもよい服装が肝心。

バッグは手提げでも肩掛けでも構いませんが、必要な時にすぐにものを取り出せる、口の広いものが便利です。コケを観察し始めると動かないことが多くなるので、夏は帽子に虫よけスプレーを持参。冬はカイロを持つなど防寒対策を怠りなく。

ルーペは首からぶら下げる
日よけ・虫よけのために長袖か羽織るものを
口が広いバッグ
ひざが汚れることも多いので長ズボン

※山の場合は、登山靴にザックが必須。さらに雨具や防寒具なども加えます。

ルーペの使い方

拡大率 10～20 倍

こちらは「眼鏡をかけるように」するのが正しい使い方。レンズを目にしっかりくっつけてから、ピントが合う位置まで顔ごとコケに近づいていく。

拡大率 2～3 倍

ルーペをコケに近づけ、ピントの合う位置で止める。頭はあまり動かさない。

※顔を近づけにくい場合はコケを少量つまみ取って観察。見終わったら必ずもとの場所にコケを戻し、上から軽く押さえます。

attention!

コケを見る時は、コケと周囲の自然環境が損なわれないように最大限の配慮を。ヘラを使う時は木の幹を傷めないように気をつけてください。

持ち物

霧吹き

水を入れて使用。カラカラに乾いたコケに吹きかけて変化を見たい時に。

カメラ

コケのアップが撮れるよう、接写機能があるものを。三脚もあればベスト。

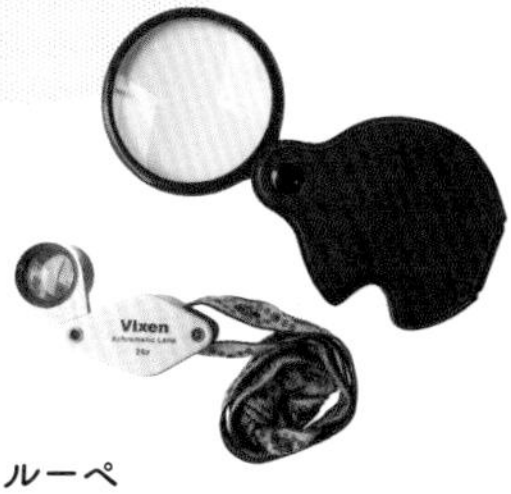

ルーペ

最初は拡大率2 ～ 3倍、慣れてきたら10 ～ 20倍のものがおすすめ。

水と行動食

霧吹き用にも使えるので、水分はお茶よりも水がおすすめ。行動食とは具体的にはおやつのこと。

筆記用具

気になったコケや場所を記録しておくと、あとで調べる時に役立ちます。

図鑑

1冊ないし2冊。筆者は図鑑の中でとくに必要なページをコピーしたファイルも持参。

あると便利なグッズ

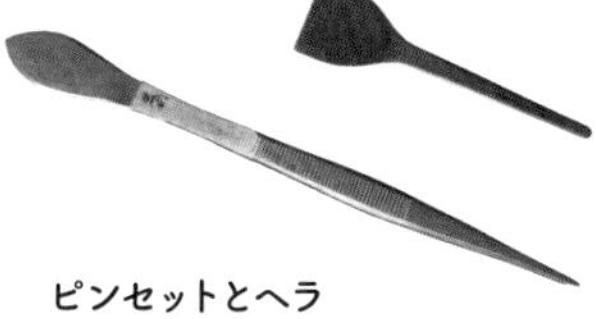

ピンセットとヘラ

観察時に大量にコケをつまむのはNG。ピンセットなら少量をつまめます。ヘラは岩や木についたコケを採取する時に便利です。

レジャーシート

岩の多い場所や、土が湿っている場所に敷いて観察すると快適。筆者はクッション性に優れたアルミ加工のものを、1人用サイズに切って使っています。

携帯用ライト

石垣の隙間や木の根元など、影ができやすい場所に生えるコケを観察したい時に使います。

コケのからだと名称

コケやコケが豊かな風景を眺める時、いくらかの基礎知識があったほうがより楽しい。ここではコケの生態を簡単に紹介します。

コケは陸上植物の中でもちょっと変わり者です。まず、コケには茎と葉はありますが、根と維管束がありません。毛状の仮根《かこん》でからだを地表に固定させ、からだの表面全体から日光・水・空気を取り込み、それを栄養分にして生きています。ただし、茎や葉の表面に取り込んだ水分を保持する機能がないため、乾燥するとみるみるうちにからだから水分が出ていってしまいます。しかしそんな時は、生命活動をいったんすべて止めて休眠し、次の雨が降るまでやり過ごしています。

また、コケは胞子《ほうし》でふえるのも大きな特徴。コケの多くは春や秋に茎から胞子体《ほうしたい》を伸ばし、その先端にある蒴《さく》から胞子を飛ばします。

現在、コケは国内で約一九〇〇種類が知られています。からだのつくりの違いで、蘚《せん》類《るい》・苔類《たいるい》・ツノゴケ類《るい》の三つに分けられます。

蘚類《せんるい》

種類によってさまざまな場所に生える。乾湿で見た目が大きく変わるものが多い。すべての種類が茎と葉の区別がつく茎葉体《けいようたい》。その中で、茎が直立するタイプと、茎が匍匐《ほふく》するタイプがある。

直立《ちょくりつ》

地面から直立して生えるコスギゴケ

匍匐《ほふく》

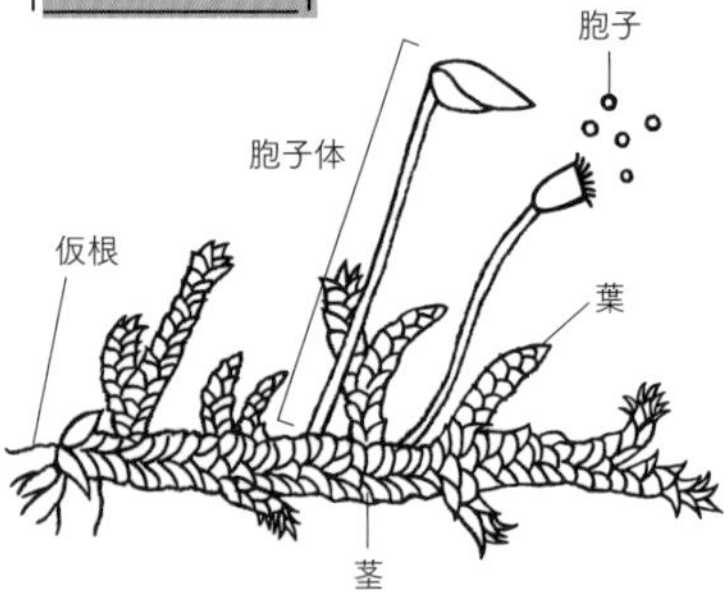

地面を這って生えるハイゴケ

胞子体

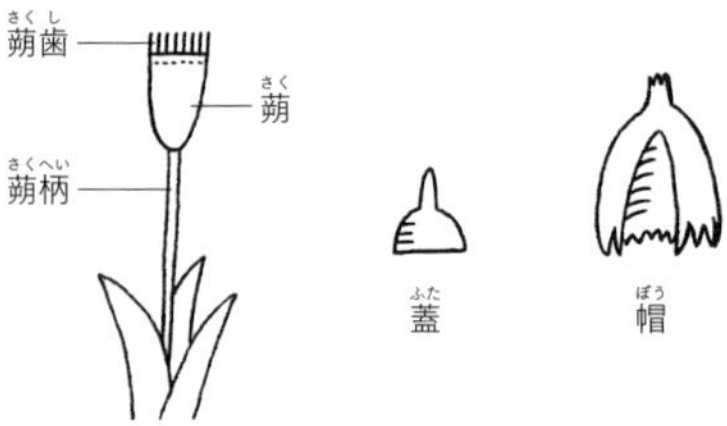

蘚類には、胞子が成熟するまで蒴を守るための帽や蓋があります

苔類《たいるい》

日陰がちな湿った場所や水際を好んで生える。手触りはやわらかく、しっとりしている。多くの種類は小型。茎と葉がある茎葉体と、全身が葉のように平べったい葉《よう》状体《じょうたい》がある。

葉と茎の
区別がないもの

葉状体《ようじょうたい》

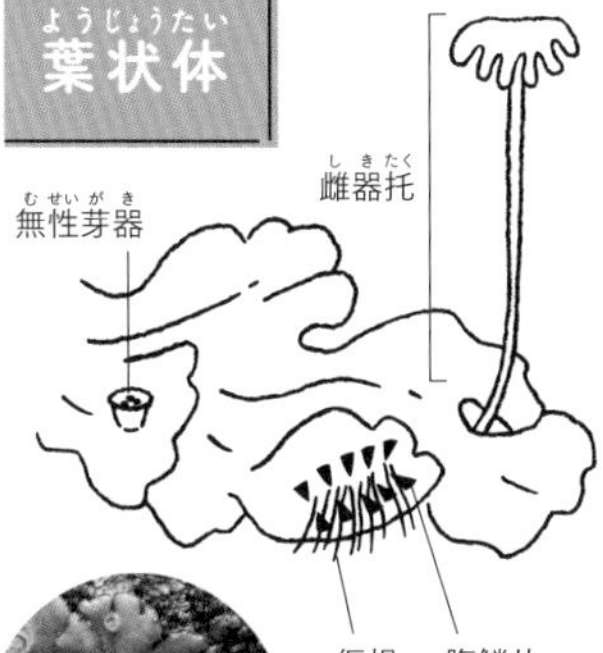

葉状体タイプの
ゼニゴケ

葉と茎の
区別があるもの

茎葉体《けいようたい》

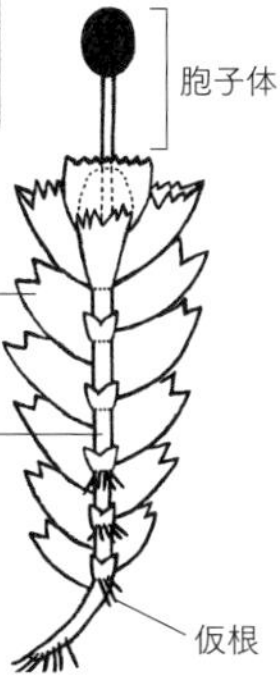

茎葉体タイプの
イボカタウロコゴケ

胞子体

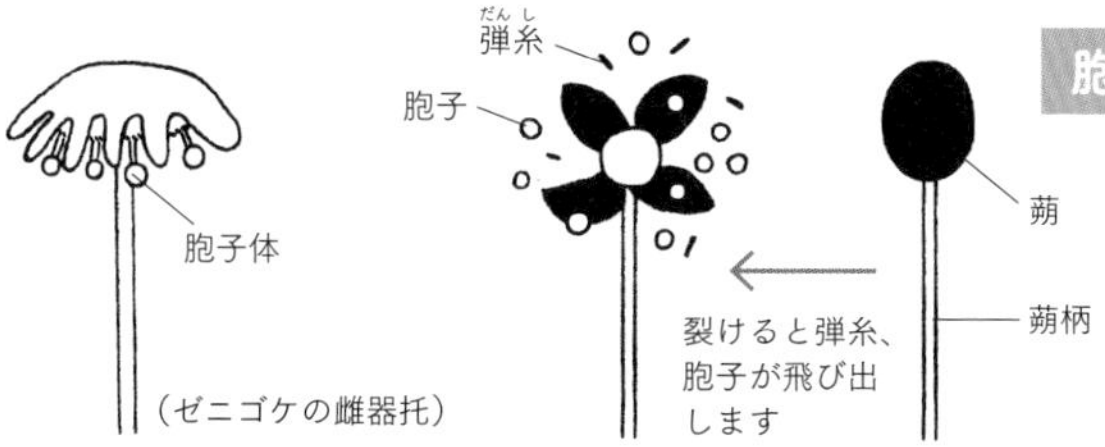

ツノゴケ類《るい》

日当たりのよい湿った場所を好む。すべての種類が茎と葉の区別がない葉状体。葉状体の中には藍《らん》藻類《そうるい》が共生する。胞子体は動物の角のような形で、先端が二つに割れて胞子を散布する。

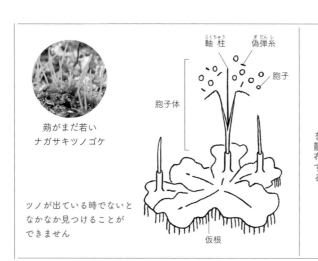

蒴がまだ若い
ナガサキツノゴケ

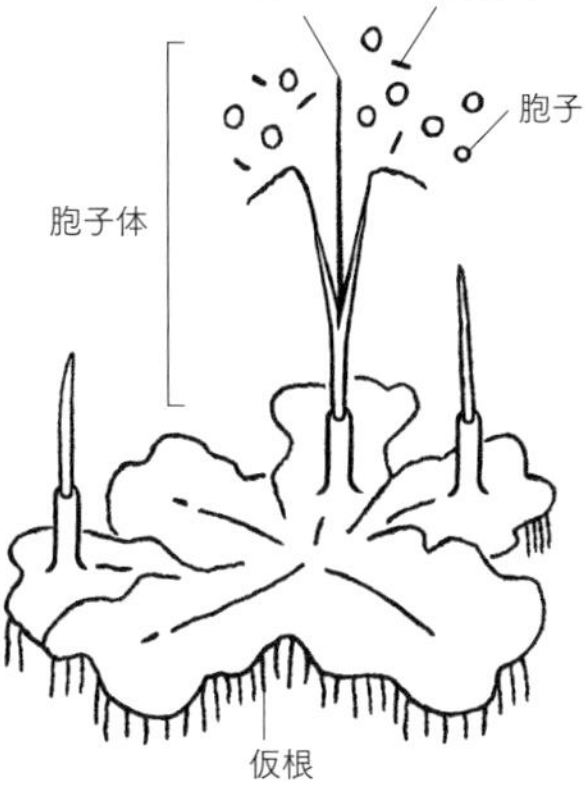

ツノが出ている時でないと
なかなか見つけることが
できません

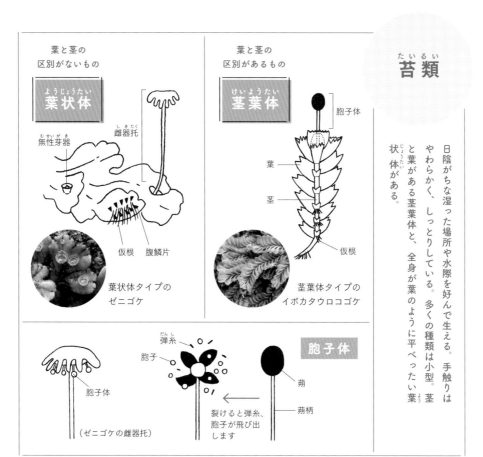

全国版コケスポットのお話もあります

あなたのそばにもある身近なコケめぐり

さぁ コケめぐりに 出かけよう！

コケめぐりの準備ができたら、
いよいよ出発です。
コケの名所として知られた場所から、
筆者がコケに
誘われるように訪れた場所、
コケ目で歩くからこそ気づけた
自然・文化が豊かな場所まで。
日本各地のすばらしい
コケスポットを紹介します。

しゅっぱーつ！

まち

Koke in towns

住んでいるまちにも
すこし遠くのまちにも
そこには必ず新しい
コケとの
出会いがあります。

chapter 2

Koke in towns 1

四季を通して楽しめるコケのお花見

苔の花を探しに

子どものころ、一番好きな季節は夏だった。それは自分が夏生まれだからというのが何よりの理由なのだけれど、誕生日のあとしばらくするとその当時の一年のメインイベントともいえる夏休みがやってくる。夏休みには毎年、母が私と弟を連れて長野県にある母の田舎や、母の兄が住んでいる東京へ連れて行ってくれた。また、中高生になると旅行好きの父が国内のみならず海外旅行にも連れて行ってくれた。多様な世界を見て見聞を広げてほしいという親心だったのかもしれない。一つ歳を重ねるとともに、日常から離れて異世界を謳歌できる夏は、いつも私にとって誇らしく、かけがえのない季節だった。

それからずいぶんと時がたち、長い夏休みを過ごすこともなくなった。社会に出て働いたり、一人暮らしをしたり、結婚して家族ができたりと環境が変わっていくにつれ、夏びいきの気持ちはだいぶ薄れてしまった。いまは四季を通して植物や虫、鳥、星のめぐりや月の満ち欠けなどを愛でるのが日々の楽しみだ。とくに小さいものを眺めていると、天気や風向き、気温や湿度などに大きく影響を受け、そのうつろいは繊細にして敏速、目を凝らしておかないとあっという間に季節がめぐる。足元のコケ植物はまさにその最たるものだ。

夏の山で見かけたタマゴケ。春先から見られる青りんごのような蒴の姿がもっとも人気だが、このような茶色く朽ちかけた姿もまた味わい深くて美しい

とはいえ、コケの多くは常緑で、いつ見ても変わらないイメージを持っている人も多いだろう。そういう人はぜひ、青々としたコケの森の中に「苔の花」が咲いているかどうか探してみてほしい。「苔の花」とは、もともとは俳句の季語として使われてきた言葉で、※コケの雄株にある雄花盤《ゆうかばん》や、胞子体《ほうしたい》のことを指す。胞子体は受精した雌株のコケ植物から伸び、先端には蒴（胞子嚢《のう》）がついている。その中にはたくさんの胞子が詰まっていて、コケにとっては何より大切な繁殖のための器官だ。葉や茎は常緑でも、胞子体は時間の経過とともに刻々と状態が変化し、まさに種子植物の花を見ているような美しいうつろいがある。

たとえば若い蒴が少しずつふくらみ色濃くなっていくさまは、花弁が開く前の花の蕾を見ているような愛らしさがあるし、胞子を出しきって痩せて色褪せ枯れていく姿も、儚く朽ちていく花のように趣がある。また、胞子体の色や形はコケの種類によって一つひとつ異なり、それこそ花のように千姿万態。伸びる季節が種類ごとに決まっているというのも、同じくだ。

苔の花（胞子体）は四季を通していつもどこかで咲いていて、こちらさえその気になれば一年中、コケの花見に興じることができる。私の場合、近所の梅林のウメが咲き始める二月が毎年のコケの花見始め。早春に苔の花を咲かせるコケたちの様子をうかがいに、まずは家の周りを探しに行く。そのあとは、隣町へ、市内の歩き慣れた山へ、近県の渓谷へとだんだん探索範囲が広がっていき、時間とお財布が許す限り、ルーペとカメラを持って各地の苔の花に会いに行く。これがもうここ何年もの習慣だ。とくに春と秋は胞子体を伸ばすコケが多いのでとても忙しい。

夏は家族を引っ張って、普段はなかなか行けないコケの名所へ遠征する。行き先が避暑地だと、植物好きの母もついてきたりする。

一方、歴史好きで植物にまったく興味のなかった父は、ずいぶん前に他界してしまった。すっかり様変わりした家族旅行にいまごろ空の上で呆れているかもしれない。「コケのためだけに、あっちゃへこっちゃへと大変やな」という声がいまにも聞こえてきそうだ。しかし異世界を謳歌しているという点では、あのころの夏とそう変わりはない。むしろコケを通していつでも旅をしているような気分だ。

※夏の季語。もとはコケの雄株の生殖器官である雄花盤を指したものとみられるが、現代では胞子体も含めた意味の言葉として使われる。

雌器托が伸び始めた姿が愛くるしいジンガサゴケ。胞子体は雌器床の裏にある

苔の花いろいろ

春

多くのコケが苔の花を咲かせる季節。
とくに苔類の胞子散布が一番盛んなシーズンです。

ジャゴケ

ホソバミズゼニゴケ

オオサワゴケ

フルノコゴケ

ヤノウエノアカゴケ

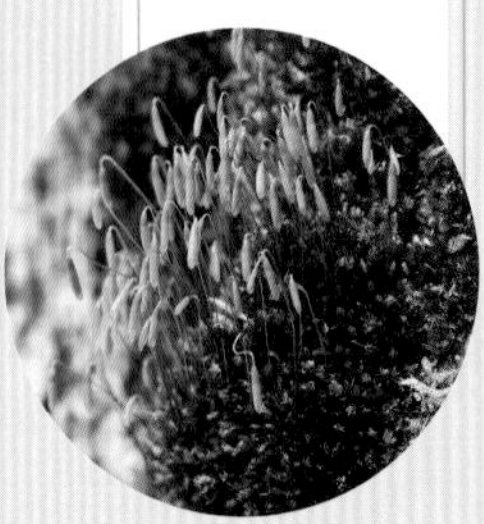
ハリガネゴケ

ニワツノゴケ
撮影：波戸武仁

夏

コケが乾燥しやすい季節ですが、環境が安定した森では秋に成熟する前の若い苔の花が見られます。

晩春から初夏に見られる雄花盤。俳句の季語の「苔の花」はもとはこちらを指していたようです

ムツデチョウチンゴケの雄花盤

セイタカスギゴケ

スジチョウチンゴケの雄花盤

ヌマゴケ

コマチゴケの雄花盤

冬

冬枯れの中、晩秋ごろから成熟期を迎えた蘚類の苔の花が見つけられます。通年にわたり苔の花をつけるコケを探してみるのもおすすめ。

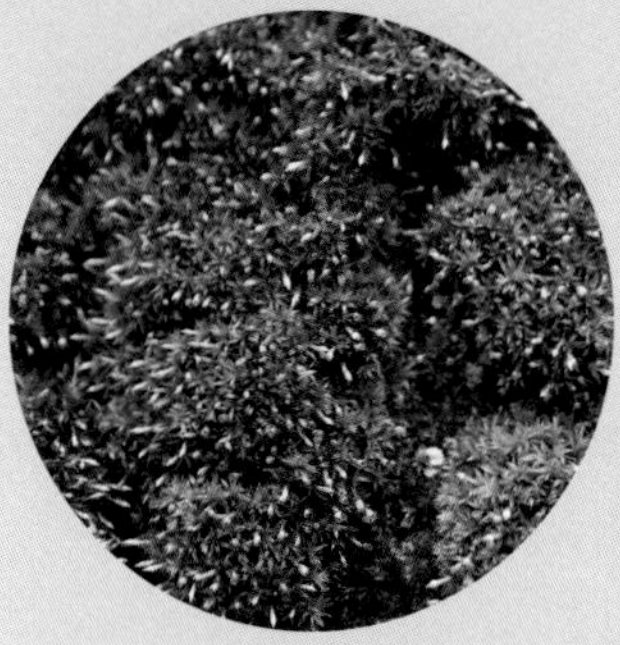

サヤゴケ

雄雌同株で胞子体はほぼ通年見られます

タチヒダゴケ

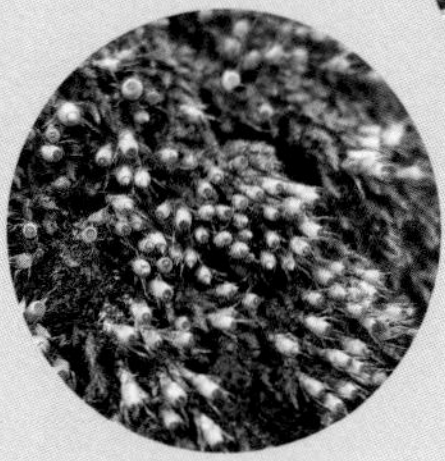

ヒナノハイゴケ

コケの雌株の卵と雄株の精子が受精してできる苔の花（胞子体）。四季を通してさまざまな苔の花を見ることができます。胞子散布後にすぐ朽ちてしまうものもあれば、枯れても一年以上そのままついているものもあります。

エゾスナゴケ

秋

春に次いで苔の花が多い季節。まわりの草木の葉が落ち、コケを見つけやすくなるのも魅力です。

ホソバオキナゴケ

クサゴケ

ヒノキゴケ

ツガゴケ

春にも胞子体が見られます

ゼニゴケ

ゼニゴケの胞子体は雌器床の真下にある。黄色い部分は蒴が割れたところ

Koke in towns 2

妄想ふくらむ
コケと人工物のコラボレーション

モス・ストリートアートの楽しみ

コケが絨毯のように林床を覆う神秘的な森。侘《わ》び寂《さ》びの情緒あふれる古寺の苔庭。旅先でコケがつくり出した景観に感動し、いまも忘れられないという人は少なくないだろう。でも、日常の見慣れた風景の中にも、コケの存在感に思わず目を見張る瞬間がある。

たとえばそれは、雨上がり。いつもの道に突然現れたビロードの壁面。もちろんこれは壁面に生えるコケたちの仕業だ。とくにコケに興味がなさそうな通りすがりの人さえも、この時ばかりは視線が完全にコケの壁にロックオン。「すごい緑だけど、アレなに?」「こんなところに、こんなにコケが生えてたんだ!」など、コケがつくり出した天然のストリートアートとでも呼びたくなる景観に、思わず感動を覚える。しかし残念なことに、ほとんどの人が目的地に着くころにはそのことをすっかり忘れてしまっているのだが……。

一方、コケもコケで、それから太陽が照りだすと、次第に色褪せ、縮こまり、少したてば、はじめから何事もなかったかのようにすっかり存在感を消してしまう。※1

人の暮らしのそばにはこのように普段は人知れず生き、時に打ち上げ花火のような刹那のきらめきで、私たちの目を楽しませてくれるコケたちであふれている。

上／空中湿度が高い時だけ出現するブロック塀のモス・ストリートアート。まるで抹茶味の巨大板チョコのよう
左／ブロック塀に着生したハマキゴケ。上は水をかけて葉が開いた状態、下は乾燥して葉が閉じた状態。ハマキゴケは体内の水分量によって色の鮮やかさが全然違う

とくに市街地の路上や壁面などの人工物に生えるコケには、まるで前衛アートのような不思議な魅力があり、いつ見ても飽きない。

たとえば信号待ちの束の間、ふと足元に視線を落とすとマンホールの溝の一部がこんもりとした緑で満たされている。コケかな？　やっぱりコケだ。でもなぜここにだけ？　また、住宅地の石垣や擁壁などもよく見ると、壁面に球状の群落がはりついていることがよくある。近づいてじっと見ていると、人の姿や顔、あるいは人と同じように意思をもったイキモノのようにも見えてきた。不思議。でも見れば見るほど面白い。

彼らの正体は、ギンゴケ、ハリガネゴケ、ハマキゴケ、チュウゴクネジクチゴケなど、コンクリートの壁や岩の上、アスファルトの上などでよく見られる類のコケたち。いずれも日当たりがよく乾燥しやすい場所に生え、コケの一本一本が密にくっついて目の詰まったクッションのような群落をつくる。群落が密であることは、群落内に水をため込むのに有利であり、雨風に当たっても倒れにくい。さらに風で飛ばされた砂やほこりが絡まりやすく、それらがさらに群落の保水や固定に役立ってくれる。つまり、街中の過酷な環境下で生き抜くための工夫を詰め込んだがゆえのフォ

右上／マンホールの溝に。なぜこの部分だけに生えたのか不思議　左上／筆者にはニッコリ笑顔に見えた謎のイキモノ　左下／擁壁の水抜き穴に陣取るコケとのぞき込むコケ

ルムなのだが、そんな事情をつゆとも知らない人間には、なんともファニーで、楽しい妄想をふくらませてくれる被写体に見えてくる。

しかしそんな彼らもやはり、ある日忽然と姿を消してしまうことがある。路上や壁面のコケは時に汚れとして掃除されるし、舗装工事や建て替えで景観ごとがらっと変わってしまう場合もある。これはもう人工物に生えるコケの避けられない宿命なのだろう。

残念だなぁと思いつつ、きっとまたどこかで会えますようにと、いなくなってしまったコケたちに思いを馳せる。だってコケは陸上植物界のパイオニア。※2 胞子や無性芽は人の手を軽やかにすり抜け、無限の彼方へと広がることができるのだ。いつかまたひょこっと現れて私を驚かせてくれるにちがいない。

※1 コケのからだは他の陸上植物と違って、水分の蒸発を防ぐためのクチクラ層が発達していない。そのため乾燥状態が続くと体内から水分が抜けてカラカラに乾いてしまう。しかし、すぐに枯れることはなく、呼吸や光合成をストップさせて休眠状態となり、次の雨までしのいでいる。

※2 植生の遷移（せんい／草木が一本も生えていない裸地から森林が形成されるまでの過程）の中で、裸地に最初に進入するのはコケ植物と地衣類といわれている。彼らは成長に必要な栄養を大気中の水分と太陽光による光合成で得ることができるため、土壌に養分や水分がなくても生きることができる。まさに陸上生態系の開拓者的な役割を担っているのだ。

このままギャラリーに飾りたくなるような見事なコケの壁。日本海沿いの住宅地にて。
いまもまだあるかな……　右上／「追いかけている人」に見えたコケの群落

筆者おすすめの“壁面”コケ観察

路上のコケ観察のように
しゃがみ込んだり、
ひざまずいたりすることなく、
立ったままラクな姿勢で観察できるのが
壁面のよいところ。
コケ入門者や腰痛持ちの人に
とくにおすすめしています。
また、樹幹のコケよりも乾湿で
表情が大きく変わる種類が
多いのも特徴です。
ここでは筆者が壁面でよく見かける
コケたちを紹介します。

市街地

複数種のコケが
入り混じって
群落をなしている
ことが多いです

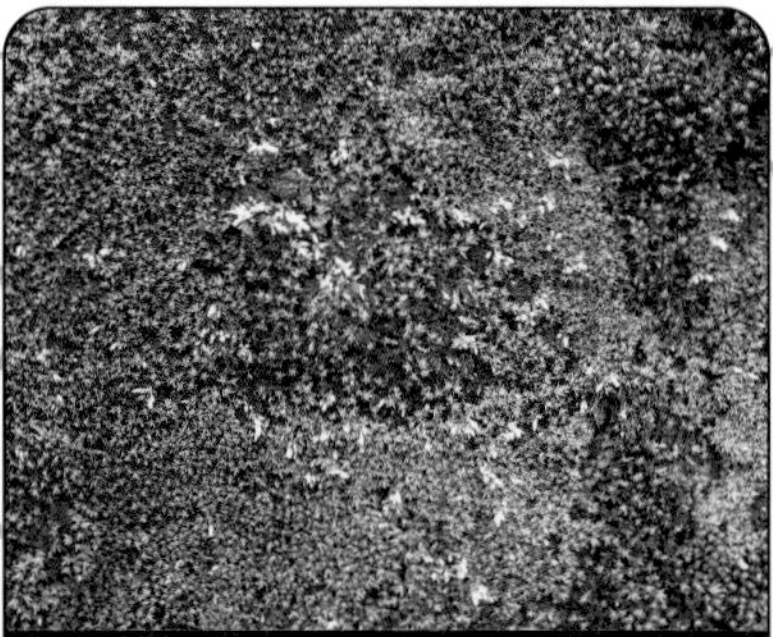

ハマキゴケ

市街地の壁面の最大勢力。ただ、乾燥時は
葉が巻いて茶色く見えるため目立ちません

ヒダゴケ

黒緑色で、壁面に小さなクッション状
の群落をつくります。きれいな赤色の
蒴柄が特徴

霧吹きで水を吹きつければ、ハマキゴケの壁に絵や文字が描けて楽しい

まるでコケのパッチワーク。壁面の中でも雨水が流れたり、湿度がたまりやすい場所が人気

ハリガネゴケ

壁面の目地や水抜き穴がとくにお気に入り。春には胞子体をつけた姿をよく見かけます

ギンゴケ

乾燥するとその名の通り銀緑色に。富士山頂や南極にも生えているツワモノです

ヘラハネジレゴケ

葉先から透明な中肋※が長く伸び、乾燥時は羊毛に似た雰囲気。関西地方に多いコケです

※中肋（ちゅうろく）　蘚類の葉の中央に見られる筋のこと。種類によって長短があり、２本に分かれるものもあります

郊外

壁面の中でも空中の湿度や
日の当たり方によって
コケの好む場所も色々です

ミノゴケ

乾燥すると葉が著しく丸まり餅花のような姿に。日当たりの良い樹幹にも生えます

ヒジキゴケ

乾燥時は葉が茎に接着し、やや乾燥ヒジキ似。湿るとふわふわの手触りになります

ジンガサゴケ

葉状体の縁が赤紫色を帯びるのが特徴。春になると陣笠に似た雌器托を伸ばします

エゾスナゴケ

水をかけると瞬時に葉が開き、美しい星形に。ルーペで見ると楽しいコケの一つです

※このほかにもネズミノオゴケやタマゴケ、コバノスナゴケ、ケギボウシゴケ、フタバネゼニゴケなども見かけることがあります

立っていても、はたから見れば
やはり怪しいコケ観察者たち

ヒロハツヤゴケ

葉の幅が広くてツヤツヤとした光沢があります。樹幹や木の根元でもよく見られます

フルノコゴケ

苔類の中でも乾燥に強いタイプ。開いた蒴はオレンジ色で、花のような美しさです

Koke in towns 3

〝地味〟のベールに包まれた謎多き隣人

となりのハタケゴケ

いろんな場所で、いろんなコケを見ていると、コケのたたずまいというものにふと気づく時がある。明確に言い表すのが難しいけれど、あのように取るに足らないと思われがちな小さいコケにも、自然とかもし出される雰囲気のようなものがたしかにあるのだ。そして、それはコケの種類によって違う。

たとえば、ギンゴケには春夏秋冬どんな日も動じることのない威風堂々とした風格があるし、ゼニゴケは好き嫌いは分かれるけど自己主張がはっきりしていて華がある。また、以前に北八ヶ岳で見たムツデチョウチンゴケには森の重鎮たる神々しさがあったし、屋久島で見たウワバミゴケには妖精を思わせる可憐さと野趣あふれる生命力が共存した不思議なたたずまいがあった。

一方、同じコケでも圧倒的に地味なたたずまいなのが、苔類ウキゴケ科の、いわゆる「ハタケゴケの仲間」と呼ばれる一群である。彼らはその名の通り農地に生えるほか、公園や寺社の境内、人家の庭、街路樹の植え込みの土の上などでもよく見られる。人間の暮らしのそばで生きるコケたちだ。コケ初心者にはゼニゴケと間違えられることもあるが、もっと小形で、葉状体のからだは二叉《にさ》状に何度も分ハタケゴケ（左）とおそらく種子植物のブタナの芽生え（右）。どちらもロゼット状に生える。ブタナのほうはこれから大きくなり花を咲かせるが、ハタケゴケは葉状体の一部が朽ちて、いままさに胞子を散布するところ

かれながら放射状に広がっていく。そのさまはいくつものハートが集まってロゼットになったような姿で、なんともかわいらしい。他のコケにはない単純なフォルムで、すぐにでも〝ゆるキャラ〟としてデビューできそうだ。もっと注目されても良さそうなものなのだが、いかんせんそのかわいさが気づかれないほど、たたずまいが地味なのである。

地味な要因の一つとして、平たすぎるというのがあるのかもしれない。コケはもともと小さく、他の植物より圧倒的に目につきにくいが、彼らは小さいうえに扁平だ。また、一般的にコケというのは春や秋になると胞子を飛ばすためにからだから胞子体という特別な器官を立ち上げる。それが〝苔の花〟などと呼ばれ、人間や虫たちから大いに注目を集めるわけだが[※1]、ハタケゴケの仲間はそのような胞子体を伸ばさない。彼らは扁平なからだの中に胞子体をつくり、時季になるとなんとからだの一部を腐らせることで胞子をまき散らす[※2]。胞子散布はコケ植物として生涯最大のクライマックスであろうに、自分のからだを腐らせてまくなんて、なんだかザンネンな感じ……。それも災いしてか、やっぱり注目されにくい。

また、彼らのすみかは不安定な場所が多い。定期的に畑は耕され、田んぼは水の出入りがある。庭や公園の土壌も植え替えのために頻繁に掘り返される。そのため彼らは他のコケよりも短期間で成長して胞子を散布し、一生を終える短命なグループだといわれてきた。つまり「いつ行ってもそこにいる」という植物観察ならではの利点に欠け、ど

葉状体のからだが腐り、黒い胞子体が見えたハタケゴケ

うにも探しづらい。ますます印象は薄れるばかりだ。

そんなわけで、身近な場所に生えているはずなのに、親しくなるきっかけのなさゆえに、〝地味なたたずまいで存在感の薄いおとなりさん〟的位置づけに収まってきた私の中のハタケゴケの仲間だったが、最近の研究でじつはその素顔は多くの謎に包まれていることが明らかになってきた。

まずはその種数。一九九〇年代に日本にいるハタケゴケの仲間は八種という研究論文が出され、二〇年以上もそれが通説とされていた。しかし、その間に分類学的に再検討すべきとの考えがコケの研究者たちの間で浸透し、世界的に研究が盛んになった結果、二〇一八年には日本には一八種も分布していることがわかったのだ。[※3] また、短命（一年生）だと思われていたライフサイクルも、夏冬の乾燥を防いでやれば多年生として生きられる種が多いことが判明。さらに、印象が薄いと思われていた彼らの中には、近年爆発的に数を増やして庭や道端で圧倒的な存在感を放っている外来種もいるらしい。

こうして、種数や生態が少しずつわかってきたことで、新たに生まれる謎もある。身近に生えているものなのに、どの種に振り分けてよいか苔類の研究者でさえ同定に迷う〝ビミョーなハタケゴケ〟も少なくないという。ウキゴケ科に関して専門的に研究している研究者は世界でもまだ数が少なく、いろんなことがいまだ解明の途上にあるということだ。

目から鱗の事実に、いままで地味に見えていた彼らのたたずまいも一転してしまった。というより、本当は私は彼らにはなから騙されていたのかもしれない。だって、ミステリアスな人ほど普段はひっそりと周囲に溶け込んで、気配を消しているものだから。きっとコケだってそうなのだ。

※1　コケを食べる虫は意外と多い。とくに胞子は栄養があるからか、蒴（胞子嚢）がダンゴムシなどによく狙われる。
※2　ハタケゴケの仲間は他のコケよりも大きな胞子をつくる（一般的なコケの胞子は直径一〇〜一五マイクロメートル。ハタケゴケの仲間の胞子は五〇マイクロメートル以上）。重いため胞子は風に飛ばないが、大きいゆえに発芽すると短期間で成長でき、農地や人家のそばなど不安定な場所での生育には有利といわれている。
※3　一種にくくられていたものの中に異なる形態を持つものが複数種いたことが判明。たとえばこれまで「ウキゴケ」とひとくくりにされていたものが現在はウキウキゴケ、ミゾウキゴケ、オオウキゴケ、ホソバウキゴケの四種に分かれ、「ウキゴケ」の和名は消滅した。

筆者がこれまで出会った
ハタケゴケの仲間

田畑で

ハタケゴケ　左／夫の実家の畑にて。畑によく生えるが、水田、庭、寺社の境内、公園の石畳の隙間などにも見られる（8月／山形県）。上／胞子体が成熟すると葉状体の表面がドーム状に盛り上がるのも特徴（10月／兵庫県）

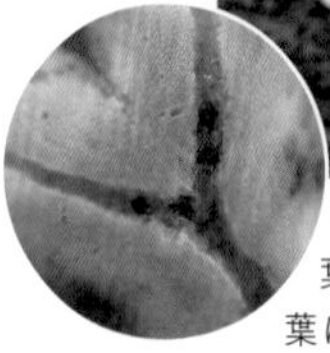

イチョウウキゴケ　右／葉状体の形がイチョウの葉に似る。水田に浮いている様子（6月／宮崎県／撮影：松本美津）上／田んぼの水が抜かれても土の上に生育し、暖地では越冬する（1月／宮崎県／撮影：松本美津）　左／葉状体にははっきりとした溝が線状に入るのが特徴。秋には溝の中に胞子体ができる（9月／福岡県）

ミドリハタケゴケ（おそらく）　同定するのがとりわけ難しい一種。畑でヒロクチゴケと混生していた（5月／山形県）

カンハタケゴケ　水を抜かれた寒い冬の田んぼでよく見られることから「寒畑苔」の名がついた。近畿地方にとくに多い（1月／岡山県）

街中・寺社・公園で

ウロコハタケゴケ　東京都飯田橋駅付近にて。2000年に苔類の研究者F先生の埼玉県の親戚のお宅で初めて見つかった。現在、関東地方を中心に全国各地で爆発的に数を増やしている外来種

湿った土の上にも生える。お寺の境内にて（5月／京都府）

ウキウキゴケ　水路にて。水田や池などでも見られ、水面に浮く、または水面直下に浮遊する。先端が鹿の角に似ることから別称「カヅノゴケ（鹿角苔）」。本種と混同されていた近縁種が見つかったのを機に、「ウキゴケ」から「ウキウキゴケ（浮浮苔）」に和名が改名された（5月／兵庫県）

コケの愛好会である岡山コケの会の観察会風景。苔類の研究者F先生（手前右）を招いて空地でハタケゴケの仲間を探した

ミヤケハタケゴケ　公園の植え込みの土の上で見つけたが、人家の庭や寺社の境内、田畑にも生える。カンハタケゴケと同じく葉状体が海綿状になる（10月／大阪府）

浪花の摩訶不思議!? 苔生す不動明王

法善寺の水掛不動尊

大阪でも有数の繁華街・ミナミ[※1]のど真ん中、戎橋《えびすばし》商店街のアーケード通りから一本横道の路地に入り、五〇メートルほど進むと法善寺《ほうぜんじ》というお寺がある。すぐ隣には小さな飲食店が軒を連ねる法善寺横丁があり、織田作之助《おださくのすけ》の短編小説『夫婦善哉《めおとぜんざい》』の舞台になっていることでも有名な場所だ。寺は参拝料不要、お参りは二十四時間可能とあって、商売繁盛、病気平癒、縁結び、はたまた阪神タイガースの優勝祈願などのご利益を求めて、毎日昼夜問わず地元客や観光客が訪れる。

じつはここ、関西のコケ好きの間では有名なコケスポットでもある。というのも、ここに祀られている西向《にしむき》不動明王（通称：水掛不動尊／水掛け不動さん）が、見事なまでに全身をコケに包まれているからだ。そのお姿はなかなかのインパクト。コケに〝癒される〟というよりは〝圧倒的〟という印象を受ける。目の前に立つと、いつもその迫力に

見事に苔生した不動明王と不動明王の
脇侍である二人の童子。参拝客は手を
合わせたあとに必ず柄杓で水を掛ける

思わず「おぉ〜」という声が漏れてしまう。そもそも不動明王だから背後に炎を背負っていらっしゃるし、本来の険しい表情がコケに覆い隠されているぶん「このコケの下にはどんな憤怒の表情が……」とむしろ余計に想像力を掻き立てられ、いっそうの凄みを感じてしまうのである。

さて、なぜこのお不動さんがここまで苔生しているかというと、その参拝方法にわけがある。お不動さんの足元にはいつも水の入ったバケツが置いてあり、参拝者はこの水でお不動さんとその左右にいる二人の童子[※2]に水を掛けてから手を合わせる。もしもバケツの水が空になったら、次の参拝者のために左隣にある井戸で水をくむ。それがここでの慣《なら》わしだ。このあたりがいかにも人情に厚い大阪の下町らしい。こうして参拝客からの絶え間ない水掛けにより、お不動さんは今日の姿になられた。

ただし「水掛け」が始まったのは、開創が一六三七（寛永一四）年という約四〇〇年続く法善寺の長い歴史の中ではわりと最近のことで、第二次世界大戦が終わってすぐのことなのだという。ある日、法善寺に一人で参拝にやってきた女性が供えられていた目の前の水をすくい、お不動さんに掛けた。戦後まもない時代、法善寺も空襲で境内のほとんどが燃えてしまい、焼け野原の中に水掛不動尊のみが残っていたというから、その女性もやむにやまれぬ思いで供えてあった水を掛けたのであろう。それがいつのまにか慣習となり、参拝者はそれぞれの願いを込めて水を掛けるようになった。

不動明王や童子像をところどころ覆うゼニゴケ。「庭の邪魔者」として嫌われがちだが、こんな所に生えられては憎めない

もう一つ、コケが好きな者として気になるのは、お不動さんにはいったいどんなコケが生えているのかということである。じつはもう五年ほど前になるが、コケの愛好会・岡山コケの会関西支部（通称：オカモス関西）のメンバーでお不動さん周りのコケを調査したことがあった。その時

右上・左／きれいな井戸水を常に掛けられることで、お不動さんはここまで苔生した　下／お不動さんを覆うコケの大半はアオハイゴケ。普通は渓流沿いに生える

に見つけられたのは次の五種類だった。

・アオハイゴケ　*Rhynchostegium riparioides*
・ヤナギゴケ　*Leptodictyum riparium*
・ツクシナギゴケモドキ　*Oxyrrhynchium hians*
・ジョウレンホウオウゴケ　*Fissidens geppii*
・ゼニゴケ　*Marchantia polymorpha* subsp. *ruderalis*

私たちは意外な結果に驚いた。というのも、都市部でもよく見られるゼニゴケはさておき、残りの四種類はいずれも清らかな渓流の水際や水中に生えているコケだったからだ。大阪の繁華街で見られることはまずない。しかも全体の中の数は少ないが、ジョウレンホウオウゴケは絶滅危惧種にも指定されている希少なコケである。

こうしたコケたちがこの場所で見られる謎について、コケの研究者でオカモス関西のメンバーでもあるKさんは「井戸水を掛けていることがポイント」と説く。つまり、井戸水は水道水のようにカルキ（塩素）などで消毒処理された水ではなく、自然にろ過された地下水のため、もともとコケが生育する場所にある、自然の水に近い。しかも、法善寺は二十四時間参拝可能なため、夜でも誰かしらが水を掛けてくれる。だからコケも乾くことがない。コケにとってこの場所は清流沿いとほとんど変わりがないのだ。

法善寺のコケたちが、いったいどこからどうやって来たのかということはいまもわからない。コケの胞子や無性芽は私たちの目には見えていないだけで、いたるところに飛んでいる。もしかしたらいつか訪れた参拝者に付着していたコケの胞子がたまたまお不動さんについて繁殖したのかもしれない。

だけどいずれにしたって、人の慣習がじつにうまく作用してこのような苔生す環境をつくり出せているのは非常に稀有なことだ。お不動さんを目の前にするたびに、「気難しく、自分の気に入った場所にしか生えない」というコケの性格をよくあらわしているなぁと思いながら手を合わせている。

※1　大阪府大阪市中央区の難波（なんば）・道頓堀（どうとんぼり）を中心とした繁華街の総称。なお、これに対して大阪市北区の梅田・北新地（きたしんち）を中心とした繁華街を関西人は「キタ」と呼ぶ。
※2　不動明王の脇侍（きょうじ）の矜羯羅童子（こんがらどうじ）と制吒迦童子（せいたかどうじ）。一般的に両者は異なる表情や姿態をしているが、法善寺ではお不動さんと同じくコケのヴェールに包まれ、まったく様子がわからない。

右／境内にはポンプ式の井戸がある　左／この寺では、もし水が切れたら次の参拝者のために水をくんでおくのが慣わし

右上／繁華街の路地を入ると下町情緒漂う山門が現れる
右下／法善寺境内にあるぜんざい屋『夫婦善哉』では、1人前のぜんざいを2杯のお椀に分けて供されるのが特徴
左／御堂。奥に不動明王が祀られている

TRIP DATA

法善寺

大阪府大阪市中央区難波1-2-16
☎06-6211-4152
開 水掛不動尊・金毘羅天王・お初大神・二河白道堂の参拝は24時間可能。授与所の受付は8時～23時
交 地下鉄御堂筋線・千日前線、近鉄、南海「なんば駅」下車、なんばウォークB16出口から北へ徒歩1分／地下鉄堺筋線・千日前線、近鉄「日本橋駅」下車、なんばウォークB18出口から北へ徒歩1分

Koke in towns 5

池上本門寺のホンモンジゴケ

日本最初の発見地でいまも会える奇跡！

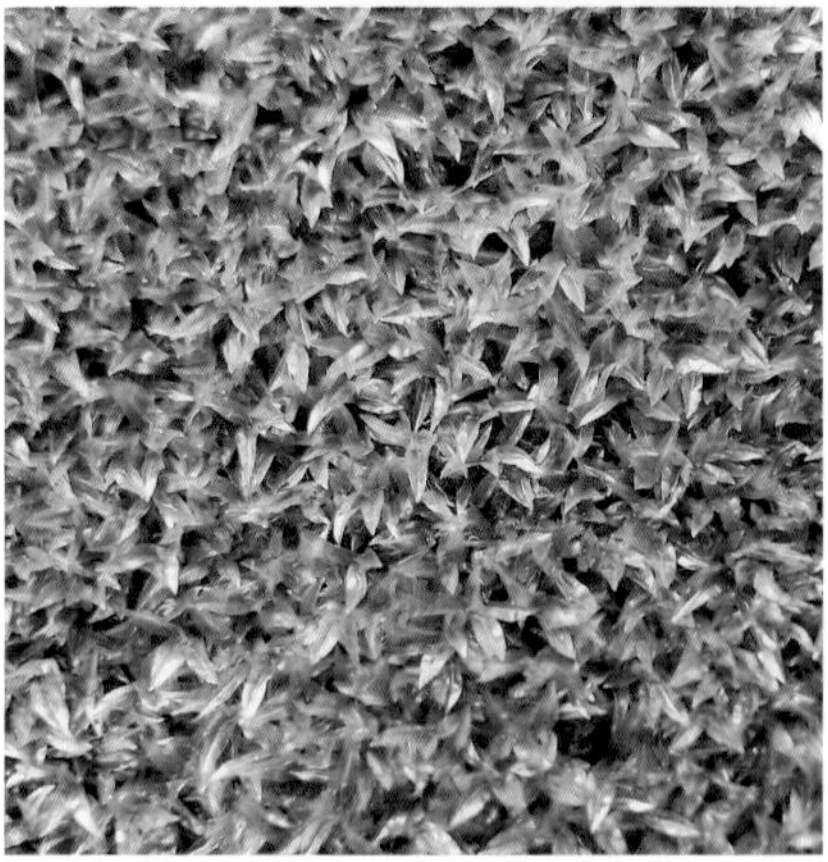

ホンモンジゴケ。銅葺き屋根の下や、銅製の仏像や銅製の灯籠などの足元に濃淡のある緑色のコケのマットをつくる。通称「銅ゴケ」

生き物の名前には「学名」と「一般名」がある。学名（scientific name）とは「属名」＋「種小名（種の形容語）」の二語をラテン語で表記するというもので、いわば生き物の世界の〝共通言語〟だ。コケの研究者が国際規模の学会に書類や論文を提出する時には必ずコケの名前は学名で表記するし、外国の研究者と話す時も学名でコケの名前を述べあう。また、私たちが普段から手にする図鑑にも目立つ目立たないの差はあれ、学名をあらわすアルファベットの横文字がページのどこかにたいてい記載されている。

一方、一般名とは各国のお国言葉を使った、その国だけで通じる名前のこと。日本なら日本語を使った「和名」だし、英語圏の国なら英語を使った「英名」となる。研究者ではない私たちにとっては、やはり学名よりも和名の方が親しみやすい。とくにコケの和名は名前の一部に動物の名前や、土地の名前、人の名前などが入っていたりするものも多く、なかなか面白い[※1]。コケを見るようになってからもう一五年ほどたつが、いまだに学名が身体にしみつかない私にとって、和名はコケ仲間たちとのあいだでいまも頻繁に使う共通語であるとともに、声に出すとそのコケを実際に見てみたくなってくる魔法の言葉でもある。

「ならば本当に見に行ってみよう」

と私の旅心をかきたてたのがホンモンジゴケだ。

「ホンモンジ」とは東京都大田区にある日蓮宗《にちれんしゅう》の大本山である池上本門寺《いけがみほんもんじ》のことで、一九一〇年四月に医師でありコケの研究者でもあった桜井久一博士が、日本で初めてこのコケをこの地で発見したことに和名の由来がある。コケの中には和名に地名が入っているものはいくつもあるのだが、ピンポイントで一施設の名称が入ったコケというのは、おそらくこのホンモンジゴケくらいだろう。

さらにこのコケは、生育場所が他の植物にとっては有害となる、高濃度の銅イオンを含む雨水が流れるようなところに限られており、体内に銅を蓄積するというユニークな特徴がある。コケの中でもかなりの〝変わり者〟なのだ。探す時は、まずは寺や神社の銅葺《ぶ》き屋根の下や銅製の仏像の周りなどから歩いてみると比較的よく見つかる。

さて、池上の街へはJR山手線の五反田《ごたんだ》駅から、東急池上線に乗れば二〇分ほどで着く。池上本門寺は池上駅から歩いて一〇分ほど。それこそ都内近郊に住む人なら「ちょっと見に行ってみようかな」という気になる距離だ。

当時、都内に住んでいた私が、初めてこの地を訪れたのは二〇一二年春のこと。その後、多い時は年に数回、関西に引っ越してからは数年に一度くらいのペースでホンモンジゴケを見に行っている。

いや、やけに見に行く回数が多いじゃないかって? たしかに。それは、初見のホンモンジゴケがあまりに元気がなく弱って見えたから。そしてそれがきっかけで、この日本で初めて発見された地で生きてきた彼らの歴史について調べてみたところ、生きるか死ぬかの瀬戸際のような危機がこれまで何度かあったことを知ったからだ。それからというもの、たまに現状確認をしに行きたくなってしまうのである。

最初にして最大の危機は、発見から三五年後の一九四五年四月一五日。時は第二次世界大戦末期、この日の深夜に大田区にはB29の大空襲があり、区全域が壊滅的な被害を受けた。かなりの数の遺体が本門寺公園(池上本門寺に隣接する緑地)に運び込まれ、仮埋葬されたという。池上本門寺も建造物はほぼ全焼。しかし境内の中心部から少し離れていた五重塔は奇跡的に無傷だった。おかげで塔の台座に生えるホンモンジゴケも焼かれずに一命を取りとめた。

もう一つの大きな危機は、一九九七年から二〇〇一年に

池上本門寺の大堂。空襲で焼失したが、戦後に全国から寄進を得て1964年に再建

右／五重塔。上から3番目の屋根までが銅葺き。塔の頂部にそびえる相輪も銅製で、遠くからでも青く錆びているのがわかる　上／五重塔の正面向かって左側の台座にホンモンジゴケが生育

かけて、五年計画で五重塔の修復・再建工事が行われたことだ。これまでも修復工事は何度かあったようだが、五重塔を全解体するという大規模な工事は初めてのことだった。解体・運搬作業には幾台もの重機が使われただろうし、そうなれば周辺にある雑草など取り去られてしまうのは当然のこと。しかし、池上本門寺の歴史に詳しい関係者によると、この時には寺の人々の間に「ホンモンジゴケの日本初の発見地」ということが周知されており、ホンモンジゴケが生える塔の台座の石垣はいっさい手をつけられることなく、そのまま残された。

最悪の事態は免れたものの、五年にも及ぶ工事期間中は、石垣は工事用の足場やシートで覆われたため、とどめ置かれたホンモンジゴケ群落には雨水はおろか日差しもほとんど当たらなくなってしまった。このままだと枯死《こし》するのではと心配した寺の人たちは、念のためにホンモンジゴケが境内に生えている近隣の末寺・本妙院《ほんみょういん》に群落の一部を移植し、工事期間中も石垣を見守った。案の定、竣工時に石垣のホンモンジゴケ群落は消失して見えた。しかし、まもなくしてコケがまた生え始めたことが確認され、そのまま様子を見ることに。その後、本妙院に移植したコケを戻すこともなく、群落は少しずつ広がっていった。もともとホ

右上／初見のホンモンジゴケ。茶色い姿で風前の灯状態。心配でその後、雨の翌日にも見に行ったが状態は変わらず……　左上／なんと、緑が復活していた！　左下／乾燥したホンモンジゴケ。そもそも石垣の平たい垂直面は、背の低いホンモンジゴケにとって簡単に生え広がることができる場所じゃないのかもしれない

ンモンジゴケの成長速度は他の園芸用のコケなどに比べてかなり遅い。私が最初に見に行った二〇一二年は工事が終わって一一年後だったわけだが、元気がなく見えたあの姿は、群落がまだ回復の途上だったからかもしれない。

銅葺き屋根の下など銅イオンを得られる場所でしか生きられない宿命を持ったコケ、ホンモンジゴケ。人間の営みのそばで生きるようになったことで、[※2]どうしても人間の都合に翻弄されてしまう。にもかかわらず、発見から一〇〇年以上たったいまでも同じ場所に群落が実在しているというのは、こうして歴史をたどってみると、もはや奇跡に等しく感じる。これからもこの場所のホンモンジゴケが池上本門寺とともに末永くその歴史を刻んでいけますように。そして全国の寺社のホンモンジゴケもそうでありますように。いまは「ホンモンジゴケ」という和名を口にするたびに頭の片隅でそう祈っている自分がいる。

さて、何度か五重塔を訪れるうちに、池上の街を歩くこともいまや私のコケめぐりの楽しみとなっている。池上駅と池上本門寺を結ぶ参道にはくずもち屋さんや煎餅屋さんなど門前町の情緒を感じさせる老舗店が並び、道行く人は全然せかせかしていない。本当にここは二三区内なのかと

右上／池上本門寺の奥庭である松濤園（しょうとうえん）もおすすめ。小堀遠州（こぼりえんしゅう）の作庭と伝えられる。普段は非公開だが、年に数回一般公開される　右下／庭全体の構成も見事だが、石畳の隙間にはトサノゼニゴケなどの葉状体の苔類が豊富なのも見どころ　左／池上はくずもち発祥の地でもあるのだそう

疑いたくなるほど、街はほのぼのとした雰囲気であふれている。また、池上本門寺の周りにある末寺の多くは常に門が開かれていて、境内の季節の花々を愛でることもできる。行かれる際は、ぜひホンモンジゴケを育む門前町の雰囲気も楽しんでほしい。

※1　動物名が入ったコケといえばネズミノオゴケ、ジャゴケ、イクビゴケ、クジャクゴケなど。地名はヤクシマゴケやアオモリサナダゴケなど。人名ではマキノゴケ（牧野富太郎）やコマチゴケ（小野小町）などがある。

※2　自然界の中では、銅を含む鉱床地帯などで見られる。世界で最初にホンモンジゴケが発見されたのは一七世紀、コロンビアを流れるパスタザ川の、アヤゴン滝の岸壁でだった。

TRIP DATA

池上本門寺

東京都大田区池上1-1-1
☎03-3752-2331
開大堂参詣時間10時～15時（17時閉堂）。総合案内所受付時間10時～15時（16時閉所）
交東急池上線「池上駅」下車、徒歩10分／都営浅草線「西馬込駅」南口下車、徒歩12分／JR京浜東北線「大森駅」より池上駅行きバス（20分）「本門寺前」下車、徒歩5分

冬の田んぼに現れた日本新産種

吉備の国のキビノダンゴゴケ

「あ！　これはもしかすると大阪府新産《しんさん》かもしれへん！」

コケの愛好会やコケの学会が主催するコケ観察会に参加すると、たまにこのような声が挙がる。声の主はコケをつまみながら、自分の発見に驚きつつもどこか得意げな表情だ。

「新産」とは、すでに別の場所ではその生物種の報告・生物学的記載が行われているが、特定の国や地域などでは未発見であった種のことだ。植物や菌類の分野で用いられることが多い言葉で、たとえば「大阪府新産のコケ」は、これまで他の都道府県では分布が確認されていたが、大阪府内では初めて発見された種のことを指す。さらに「日本新産のコケ」となれば、海外ではすでに報告があるが日本では初めて見つかった種となり、発見後には、必要があれば日本語名（和名）が新たにつけられることになる。※

「新産種発見」というとロマンがあるが、素人がよこしまな気持ちでコケを探しても当然、新産種は見つからない。かといって可能性がまったくのゼロかといわれればそうでもない。なにげなく見ていたコケが、じつは日本新産種だったということだってある。

その最たる例が、二〇〇九年に岡山県岡山市内の田んぼで見つかったキビノダンゴゴケなのである。

キビノダンゴゴケは、ダンゴゴケ科ダンゴゴケ属の苔類で、もともとは北米原産のコケだ。アメリカでは畑などでよく見かける普通種なのだという。

日本産キビノダンゴゴケを最初に発見したのは、県内在住の女性、Tさんだ。その年の冬、自宅近くの田んぼでハタケゴケを探していたところ、ふと、これまで目にしたことのない妙な形のコケが目に留まった。当時はコケの観察を始めてまだ間もなく、大量に生えていたのでこれをとくに珍しいものとは思わなかった。しかし気になるので図鑑を調べてみるも、それらしいものは載っていない。そこで所属している岡山コケの会（コケの愛好会）のN先生に見せたところ、これが日本新産のコケと判明した（！）。

お団子のように丸くかたまった群落、雌の植物体には頭部に穴の開いた風船のような形状の包膜《ほうまく》（生殖器官を包む膜）があり、その中には球状の胞子嚢が入っている。さらに偶然にも、発見されたのは桃太郎ゆかりの吉備《きび》の国……。N先生曰く「これはもう、きびだんごから名前をもらうしかないじゃろう！」と、このコケの和名を「キビノダンゴゴケ」とすることに。二〇一二年には「日本新産種」として正式に日本蘚苔類学会の会誌で発表された。

さて、命名センスのすばらしさもさることながら、キビノダンゴゴケにはさらに興味をひかれることがある。研究者たちの見解では、このコケはどうも外国から侵入してきた苔類であろうということなのだが、いまのところ侵入経路は不明。そして、発見から一〇年以上たっているにもかかわらず、いまだに他の都道府県では見つかっていないという、その謎の分布域だ。

岡山市南部には湾岸エリアがあり、市内北部には空港もある。しかし、それならば外国船の行き来の多い横浜や神戸、あるいは外国人の出入国が一番多い東京都内にもいそうなものだが、いまだ発見されていない。

キビノダンゴゴケの群落。ガラス細工のような繊細な美しさがある

また、このコケの発見以降、多くのコケ研究者やアマチュアの同士が隣県の兵庫県や広島県の県境付近を熱心に探索し続けているが、やはり見つからない。コケが生えている岡山市内の田んぼは、国道沿いであったり、住宅街の中にあるものも多く、決して人里離れた場所というわけでもない。胞子が人の靴裏にくっついて、もっと広域に移動していても、全然不思議ではないのだ。もはや「どうして岡山県から出ないの!? なにゆえにそんなに岡山県にこだわるの!?」とキビノダンゴゴケに直接聞いてみたいくらいだ。

発見以来、このコケの分布調査を続けておられるくだんのN先生によれば、発見場所は共通して田んぼの比較的日当たりの良い、粘土質の土の上であるとのこと。畑でも確認できるが、その場合は人の手が加わりにくい畑の隅や角、畔などで見られるという。また、他のコケや植物が繁茂していると生育量が少ない。

さらに、通年見られるわけではなく、水の抜かれた田んぼに冬になると現れ、真冬に胞子を散布したら、遅くとも晩春には枯れるという短命さも、このコケの分布調査を難しくさせているのかもしれない。

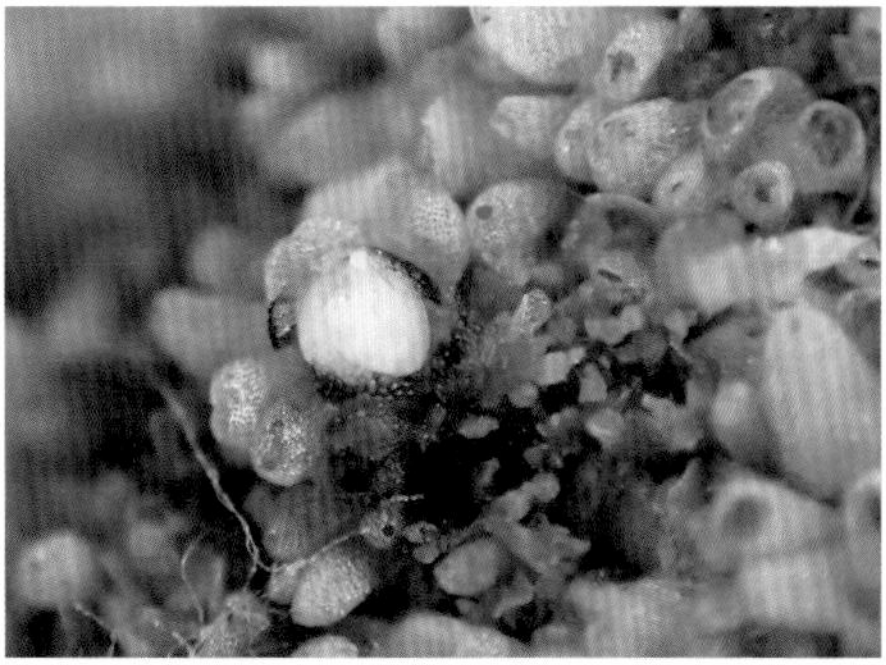

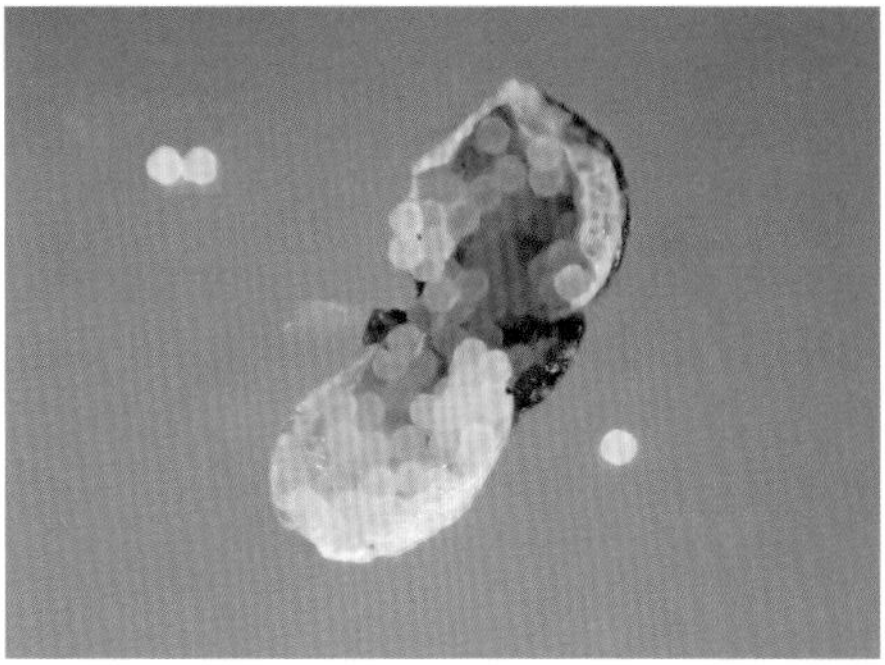

左／ダンゴゴケの仲間は葉状体の上に包膜をたくさんつけるのが特徴。黄緑色が雌株、赤紫色が雄株の植物体　右上／雌株の包膜が破れると球状の胞子嚢が現れる。この真ん丸な胞子嚢が和名の由来　右下／胞子嚢の中から出てくる胞子のかたまりもきびだんご似!?　一つの胞子嚢の中には百数十個の胞子のかたまりが詰まっている

岡山市南部は明治以降に干拓によってつくられた水田が多く、そのためか外来の動植物も多い。キビノダンゴゴケの群落がある田んぼでも、あちこちに外来種のジャンボタニシ（スクミリンゴガイ）の殻が散乱していた

発見から一〇年以上たっても「吉備の（国の）団子苔」という名前そのまま、命名通りの分布域を忠実に守る義理堅いコケ、キビノダンゴゴケ。それでも毎年冬が近づくと、「今年はもしかして……」という淡い期待を胸に、近隣の田畑を探しに出かけたくなってしまうのである。

※ちなみに「新種」とは、その存在が世界で初めて確認された生物種を指す。この場合は国際的な命名規約のもとにラテン語の学名が名づけられることになる。また、必要に応じて、発見地の国の母国語名（たとえば日本の和名など）がつけられることがある。

冬の田畑は葉状体の苔類の天国だ。こちらは近畿に多く分布するカンハタケゴケ

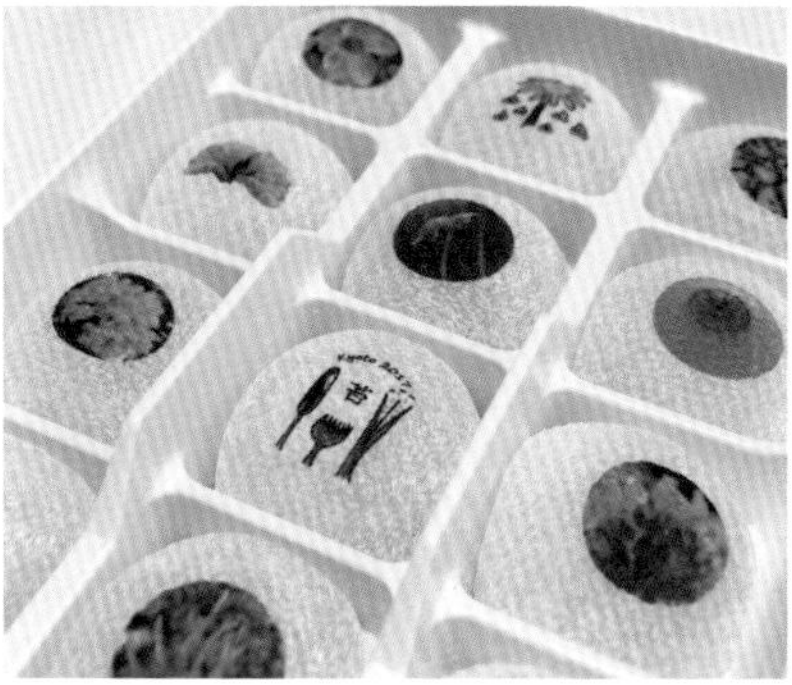

先述のTさんらコケ友4人で「キビノダンゴゴケ模様のきびだんごがあったら面白いかも」という冗談半分の話から、本当につくってしまった、コケの写真やイラストがプリントされたきびだんご。お団子をつくっているのは岡山県のきびだんごの老舗、安政3（1856）年創業の廣榮堂さんなので、味は折紙つき

TRIP DATA

吉備の国（キビノダンゴゴケの生育地）

岡山県岡山市周辺

交岡山空港まで　東京（羽田）から約1時間／札幌（新千歳）から約2時間／沖縄（那覇）から約2時間
※岡山空港から（バスを利用の場合）岡山駅まで約30分

岡山駅まで　JR山陽新幹線のぞみ、九州新幹線みずほ、さくらなどを利用の場合、「東京駅」から約3時間／「新大阪駅」から約45分／「広島駅」から約40分／「博多駅」から約1時間40分
※またはJR山陽本線で「岡山駅」へ

休耕田のキビノダンゴゴケを岡山コケの会のメンバーとともに観察。いつか他の地でも見つかるだろうか

Koke in towns 7

南国のコケ研究の聖地

服部植物研究所と猪八重渓谷

ついにこの場所に来てしまった。

「服部《はっとり》植物研究所」と書かれた看板を前に背筋が伸びる。

ここは宮崎県南部、日南《にちなん》市飫肥《おび》。飫肥城の城下町として栄えた町並は伝統的建造物群保存地区に指定され、九州南部の歴史的名所の一つとして知られる。また、一帯は江戸時代からスギの植林が盛んで、「飫肥杉」と呼ばれる上質なスギの産地としても有名だ。

飫肥城跡からほど近い服部植物研究所も、地元の観光マップで取り上げられている観光スポットの一つだ。しかし、レトロな外観は一瞬目を引くものの、軒下の柱に控えめに掲げられた看板の文字に気づかなければ、多くの観光客はそのまま素通りしてしまうにちがいない。ましてや建物の中がどうなっているかなんて想像もつかないだろう。

だがここはコケを愛する者にとって、生きているうちに一度は訪れたい憧れの場所。そして、世界中のコケ研究者が「アジアのコケの研究拠点」として一目を置く、世界でただ一つのコケの専門研究機関なのである。

ガラス扉をそっと開けて中に入ると、受付カウンターの向こうに木製で統一された家具が整然と並んでいるのが目に入った。机や棚の上には何台もの顕微鏡、年代物のタイプライター、コケテラリウム、国内外のコケや地衣《ちい》類を使った雑貨などが陳列されている。本棚にはあらゆるコケの蔵書が収まり、造りつけの飾り棚には一八世紀のコケ研究の大家、ヨハン・ヘートヴィヒのコケ図鑑まである（！）。

目に映る何もかもが珍しく、まるで小さなコケの博物館に来たかのよう。しかし興奮する私とは対照的に、室内はとても静謐な空気に包まれている。科学探求の場ならではの静寂とでもいおうか。この場所で幾人もの研究者たちが無心でコケと向き合ってきた、その長い時間によって醸成された独特の静けさに私は再び居ずまいを正した。

服部植物研究所は、戦後まもない一九四六（昭和二一）年に、のちに「日本の蘚苔類学の父」と呼ばれた服部新佐《しんすけ》上／ヘートヴィヒのコケ図鑑。そばには若き日の服部博士の写真もあった　右下／芯にコケを使った飫肥地方の手まり　左下／別棟にある標本庫にて

上／服部植物研究所。2019年に建物が国登録有形文化財に登録された　下／服部植物研究所の看板。開館時間内なら誰でも無料で見学できる

博士によって設立された。

　飫肥で江戸時代から続く山林王・服部家に生まれた服部博士は、東京帝国大学（現・東京大学）理学部進学を機にコケ研究の道へと進んだ。東京科学博物館（現・国立科学博物館）に職を得てさらなる研究に邁進していたが、家業を継いでほしいという父親の頼みでしぶしぶ飫肥へと帰郷する。しかしコケへの情熱が絶えることはなく、山林業を営む傍ら、私財を投じて財団法人服部植物研究所を設立。少しずつ同志の研究者を迎え入れながら、この南国の小さな研究所で世界のコケ研究者たちを驚かせる数々の偉業を成し遂げていく。

　なかでも服部博士がとりわけ力を注いでいたのが、コケ植物・地衣類の学術専門誌『(財）服部植物研究所報告』の編集・発行だった。その内容の質の高さは世界のコケ研究者にも認められるところで、日本の蘚苔類学を代表する国際誌として評価を得ていたという。当時はまだ日本の蘚苔類学が欧米より一〇〇年は遅れていると言われていた時代、かなり異例のことだったといえよう。

　また、一九五八（昭和三三）年には、〝コケ植物学にとっての二〇世紀最大の発見〟といわれる新種「ナンジャモンジャゴケ※」を服部博士らが発表し、研究所の名をさらに世

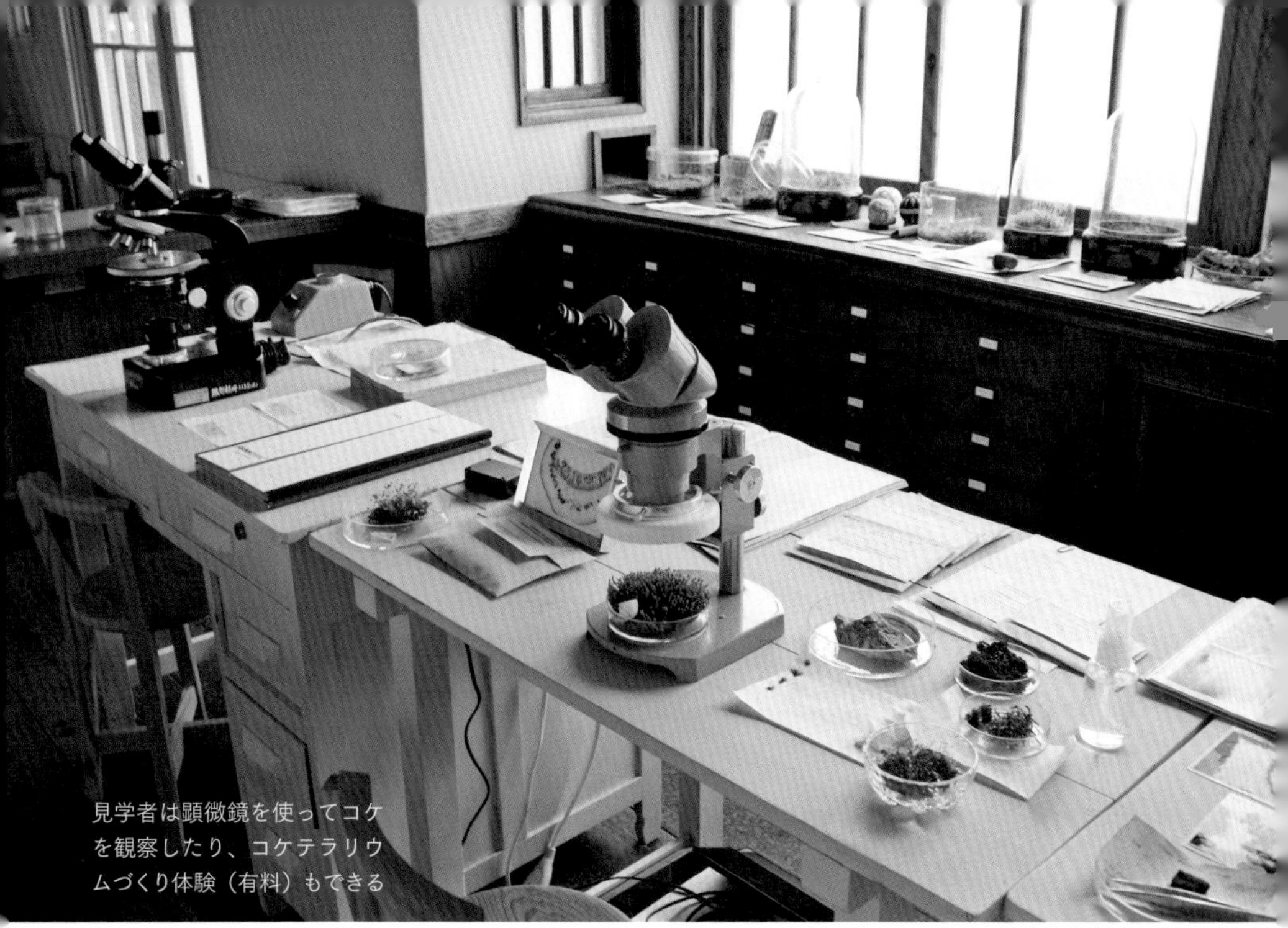

見学者は顕微鏡を使ってコケを観察したり、コケテラリウムづくり体験（有料）もできる

界に轟かせることとなった。ほかにも、日本やアジアに分布する多くの蘚苔類の科や属の体系を完成、後進の育成にも力を入れるなど服部博士はまさしく昭和の蘚苔類学の牽引役であり、研究拠点となった服部植物研究所は世界のコケ研究者にとって「コケ研究の聖地」となっていった。

服部博士が遺した研究所は弟子たちに引き継がれ、いまは三代目所長・片桐知之博士をはじめコケと地衣類の研究者が複数名在籍し、分類、生態、系統、分布などさまざまなテーマで研究を行っている。

さて、服部植物研究所は五〇万点以上という膨大な数のコケの標本を保管し、研究者に貸し出す世界有数の〝標本のライブラリー〟としての顔も持つ。コケの標本と言われてもいまいちピンとこないかもしれないが、野外で採取したコケを乾燥させて採集データとともに保管しておく標本は重要な学術的証拠であり、研究者にとっては研究に欠かせない肝心要のもの。たとえば自分が見つけたコケが新種かどうかを判断する際、既存種の基準となる「タイプ標本」というものを一つずつ調べていかなくてはならない。服部植物研究所では国内外から集められたタイプ標本も四〇〇〇以上保管していて、この数も国内最多を誇る。これだけ多くの標本が集まるのは、ひとえに研究所が国際的な信頼を得ているからこそなのだが、スタッフの方いわく未整理の標本がまだまだ山のようにあり、「作業が追いつかない」状態なのだそうだ。

特別に標本庫を少しのぞかせてもらった。室内にはたくさんの引き出しがついた木製の棚がいくつも並んでいて、引き出しの一つを開けてもらうと、茶色い標本袋がコケの名前順にきちんと並べてあるのが見えた。茶色い棚の茶色い引き出しの中に、無数の茶色い封筒。正直、見た目はとても地味。しかし、そのさまを眺めていると、アイザック・ニュートンが科学の進歩について語った時の言葉、「巨人の肩の上に乗る」がふと思い出された。いわば、ここにある無数の標本はかつてコケの研究に情熱をかけた先達たちの生きた証であり、現在のコケ研究者のために遺したかけがえのない財産。ひいては私たちが普段手に取るコケの図鑑や本も「巨人の肩」が礎になっていることは間違いない。そしてこれからも未来の研究者に封を解かれる時を待ちながら、たくさんの巨人たちが静かに眠っている。やはりここはコケ研究の聖地なのだ。

翌日は、飫肥駅の二つ隣の北郷《きたごう》駅から車で一五分ほどのところにある猪八重《いのはえ》渓谷を訪れた。服部博士も調査のために足しげく通った渓谷だ。いまでは九州を代表するコケの楽園として地元の人に親しまれている。

※一九五〇年代はじめに蘚類研究者の高木典雄博士が北アルプスで発見。服部博士のもとに持ち込まれるも蘚類か苔類か、そもそもコケなのかさえわからない正体不明の植物であったことから服部博士が「ナンジャモンジャゴケ」と命名。服部博士と井上浩博士によってひとまず苔類の新種として一九五八（昭和三三）年に発表された。多くの研究者によって調査・研究が行われ、服部植物研究所の研究員であった水谷正美博士の推測どおり、のちに蘚類であることが明らかになった。

TRIP DATA

服部植物研究所と猪八重渓谷

服部植物研究所
宮崎県日南市飫肥6-1-26
☎0987-25-0110
開10:00 ～ 16:00
休年末年始 お盆期間
料無料
交JR日南線日南駅から車で約5分

猪八重渓谷
宮崎県日南市北郷町大字郷之原猪八重
☎0987-31-1134（日南市観光案内所）
交JR日南線「北郷駅」からタクシー 15分、徒歩1時間／車では、宮崎市～宮崎IC ～田野IC ～（北郷町）猪八重渓谷猪八重側駐車場（舗装）。田野ICから約40分

常緑広葉樹林に覆われた渓谷に約300種のコケが生育する

猪八重渓谷（半日コース）

猪八重側駐車場から五重の滝まで渓流沿いに遊歩道が整備されています。片道約2.6km、普通に歩けば50分ほどです。

「猪八重渓谷蘚苔林」の石碑。下には服部博士の経歴などが刻まれている

マキノゴケ。訪れたのは春先で多くのコケが蒴をつけていた

カクレゴケ。渓谷内は絶滅危惧種や貴重種も多く、本種もその一つ

提供：日南市

飫肥城跡（1時間コース）

時間がない時は研究所から徒歩約5分の飫肥城跡も、コケ観察におすすめです。

上／本丸跡。コケと飫肥杉の見事な景観
右／城壁にいたツノゴケの仲間

飫肥城大手門　宮崎空港より約1時間／JR「飫肥駅」から徒歩15分、車で5分／飫肥城は入場無料

南方熊楠の断片を探して

「境界」にゆれ動くものたちを感じる旅

ある夏、私は大阪の天王寺《てんのうじ》駅から特急くろしおに乗り、熊野《くまの》地方※1へ向かっていた。その年はちょうど南方熊楠《みなかたくまぐす》の生誕一五〇周年で、熊楠とゆかりの深いこの地では、さまざまな催しが行われていた。今回のコケをめぐる旅はその中のいくつかを訪れ、さらに熊野三山や周辺のコケも見て回ろうという自由気ままな一人旅だ。

南方熊楠は明治から昭和初期にかけて活躍した和歌山県出身の在野の学者である。植物学、博物学、民俗学、宗教学、哲学、セクソロジー（性科学）、エコロジーなど、研究分野は多岐にわたり、さらに枠にはまらない破天荒な性格や奇抜な言動も相まって「知の巨人」、「歩くエンサイクロペディア（百科事典）」など数々の異名をもつ。もっとも、私が普段から手に取るコケやキノコの本では、彼がとりわけ粘菌《ねんきん》（変形菌）、キノコ、コケ、シダ、藻《そう》類など、かつて「隠花《いんか》植物※2」と呼ばれてきたものたちに高い関心を持ち、

南方熊楠邸のリュウビンタイ。那智山中で熊楠が採集したシダの一つ。地植えするともっと巨大に育つという。いまも那智の原生林で見ることができる

日本国内で先がけて研究した偉業がよく紹介されている。隠花植物を愛好する多くの者たちにとって熊楠はいわば〃レジェンド〃であり、ご多分にもれず私も彼のファンなのであった。この機会に、熊楠が生きた熊野を訪ね、彼が見た景色、かいだ空気、つまみ上げた隠花植物の手触りを、その断片だけでもいいから自分の五感で感じたいと思い立ったのである。

　天王寺駅から出発した電車は快調にスピードを上げて大阪湾岸を進んでいく。しかし、さすが日本一大きな半島、紀伊《きい》半島である。なかなか目的地に着かない。途中、車窓を叩きつけるほどの強烈なにわか雨にも降られつつ、約二時間。ようやく旅の第一目的地である南方熊楠顕彰《けんしょう》館の最寄り駅・紀伊田辺《たなべ》駅に到着した。ホームに降り立つと、冷房が効いた車内とは一転、途端に身体中じっとりとまとわりつくような湿気に包まれる。でも嫌な気はしない。これぞ、夏は多雨多湿な太平洋岸式気候のエリアだ。さっそく紀伊半島の洗礼を受けたようで妙に胸が躍った。南方熊楠がこの空気の中で研究の日々を送っていたのだと思うと、さらに気持ちが高ぶる。

　南方熊楠顕彰館では、熊楠が採集した珍しい海の生物や植物の標本、彼が記した観察記録や図譜など、普段はあま

右／南方熊楠顕彰館。2006年にオープン。熊楠が残した約2万5000点の資料を保存・公開しており、熊楠の業績や交友関係が学べる　左上・下／南方熊楠邸。傷みが激しかった邸宅を田辺市が補修し、熊楠存命当時の状態に復元して公開。熊楠が新種の粘菌「ミナカテルラ・ロンギフィラ」を発見したカキの木も残る

り公開されない貴重な資料が丁寧な解説とともに展示された特別企画展が開催中だった。標本袋に記された、さらさらと流れるようなラテン語の筆跡、形状を崩さぬように丁寧に押し葉にされた種子植物やシダの標本、淡く優しい筆致のキノコの図譜など、すでにインターネットや熊楠関連の本で目にしていたものであっても、こうして実物を見るとやっぱり違う。これまで私がイメージしていた、近寄りがたい天才、屈強そうな奇人とはまた違った、もっと実直で、あらゆる生物や事象に真摯で、面白がりやで、でも負けず嫌いで……というような人間味あふれる人物像が思い浮かんだ。もちろんこれは単に想像にすぎず、もし事実であっても、このようなことはすでにどこかの本で語り尽くされているのかもしれない。ただ、実物を見てそう感じられたということが何より嬉しく、ここまで来た甲斐があったと思えた。

　敷地内には、熊楠が五十歳の時から暮らし、終のすみかとした邸宅も残されていた。庭には鉢植えのリュウビンタイ、新種の粘菌が見つかったカキの木、熊楠自慢のクスノキの大木などが、どれも枝葉をよく茂らせていて、まるで小さな森のようだ。コケや地衣類が旺盛に樹幹を覆う姿も見られる。これも気候のせいなのか、どうもここは他の地方よりも植物の生命力がみなぎっている。

　そのあとは再び特急くろしおに乗り、紀伊半島をさらに南下して熊野川の河口にある街・新宮《しんぐう》へ。明日の午後から、この旅のもう一つの目的である「熊野大学」※3のセミナーがこの街で始まる。今夜は新宮駅近くのホテルに宿泊予定だ。しかし、やっぱり日本一大きい紀伊半島である。紀伊田辺駅から七駅先の新宮駅までもまた二時間。新宮駅に降り立つと辺りはもう真っ暗闇で、急いで開いている店を探した。運よくこの地に昔からある郷土料理屋が開いていて、クジラやイルカの刺身など、ご当地ならではのディープな夕食を取った。

　翌日は午後から開講する熊野大学のセミナーまで、熊野信仰の神社や隠花植物と出会えそうな場所をめぐった。新宮の街も空気は湿っていて濃く、日陰がちなところや大木の陰には必ずといっていいほど隠花植物が繁茂している。高い建物がほとんどないので、内陸側には市街地を囲むように鎮座する熊野の山々が見えた。その深い緑のどこかには八咫烏《やたがらす》が潜んでいそうな雰囲気がある。

　熊野速玉《くまのはたやま》大社の摂社《せっしゃ》で熊野信仰の発祥地といわれる神倉《かみくら》神社、オオミズゴケの群落がある浮島《うきしま》の森などを回り、さらに熊野大学の後日、熊野那智《なち》大社、那智の滝まで回ったあと、また特急くろしおに乗って五時間かかる帰路に着いた。

そういえば熊野大学で講演をされた南方熊楠研究者のお一人が、

「熊楠は個々の生物や事象に線を引いたり、学問的な区分けをせず、あらゆることを総体的にとらえて研究しようと努めていた。ゆえに、その線引きの境界をゆれ動くものにはとくに目を向け、追究しようとした人だった」というような話をされていた。

それを聞いて、だから熊楠は隠花植物を……と妙に納得がいった。あるものは水辺と陸地の境界を、あるものは植物と動物の境界を、あるものはミクロとマクロの境界を、それぞれ自由に行き来する。隠花植物はまさに境界をゆれ動くものたちの集合体だ。そういえば、この旅でめぐった神社、古道、森にも、不思議な神話や伝説が数多く残されていた。それらはこの世とあの世との境界をゆれ動く。

そんなことを思っていたらふと、私にも熊楠が追いかけたもののほんの一片がつかめたような気がした。

あの年の熊野地方の旅は、本当にかけがえのない時間だった。いまでもたまにしみじみと懐かしくなる。

※1　和歌山県南部と三重県南部からなる紀伊半島南端部のエリア。

※2　花を咲かせず胞子で繁殖する生き物の古い分類呼称。コケ植物、シダ植物、藻類、菌類、変形菌（粘菌）など。かつての植物界は花を咲かせる高等な顕花植物に対してこれらは下等な隠花植物とみなされていた。熊楠は隠花植物の中でも粘菌の研究にとくに熱心で、六十二歳の時にはその功績が認められて昭和天皇に粘菌標本を進献、粘菌学の進講を行った。

※3　和歌山県新宮市出身の作家・中上健次（一九四六－一九九二）が一九九〇年に設立した文化組織。中上氏が他界したあとも、氏の遺志を受け継いだ有志が中心となり活動を続ける。新宮で行われる夏季特別セミナーは恒例行事で、著名な評論家や作家、文化人などが講義を行う。二〇一七年は「南方熊楠と中上健次を探る」がテーマだった。

TRIP DATA

南方熊楠顕彰館

和歌山県田辺市中屋敷町36番地
☎0739-26-9909
開10:00 ～ 17:00
休月曜日、第2・4火曜日、祝祭日の翌日、12月28日～1月4日
※2021年度は火曜日も開館（ただし、祝日の翌日を除く）。ホームページなどで要確認
料無料（南方熊楠邸は有料）
交京都、新大阪、天王寺より特急でJR紀勢本線「紀伊田辺駅」下車、徒歩／東京（羽田）から南紀白浜空港まで約1時間10分、空港からバス（約30分）で紀伊田辺へ／阪和自動車道南紀田辺ICより5分

八咫烏。熊野の神の使いといわれる伝説の鳥。３本の足は天地人をあらわすという

右／神倉神社の岩場ではたくさんカニを見た。そういえば彼らも陸と水の境界を行き来する生物だ
上／イルカの刺身。古くからこの地の食卓に上ってきたイルカやクジラも、魚と動物の境界にいるものかもしれない

所蔵：南方熊楠顕彰館

南方 熊楠（みなかた くまぐす）
1867年に和歌山市で生まれ、17歳で大学予備門（現在の東京大学）に入学するも中退し渡米。その後、イギリスにも渡り、13年間の海外留学を終えた30代半ばからは、和歌山、勝浦、那智、田辺など和歌山県内を点々とし、生物の採集や論文発表に勤しんだ。1941年に74歳で死去。

熊野地方の

旅の地図

Kumano Koke Trip Map

今回の旅でめぐった場所を紹介します。

提供：新宮市観光協会

❶浮島の森　住宅街にある不思議な島。泥炭でできた島で、寒暖両性の植物が混生し、寒地性のオオミズゴケの群落も見られる。遊歩道があり散策できる。

❷熊野速玉大社　熊野三山のひとつ。

❸神倉神社　538段の急峻な石段を登った山の中腹に、社殿とご神体のゴトビキ岩がある。石段の両脇には、コケのほかにキノコも見られた。

❹闘鶏神社　熊楠はこの神社の裏山を一時期、採集の拠点とし、40歳の時には宮司の娘・松枝と結婚した。南方熊楠顕彰館のあとに少しだけ立ち寄ることができた。

❼**那智の滝**　滝そのものが神社のご神体。そばに広がる森は熊楠の隠花植物の研究の舞台となった。

❺**熊野那智大社**　熊野三山の一つ。

❻**大門坂**　熊野那智大社へ向かう参道。熊野古道「中辺路（なかへち）」の一部。

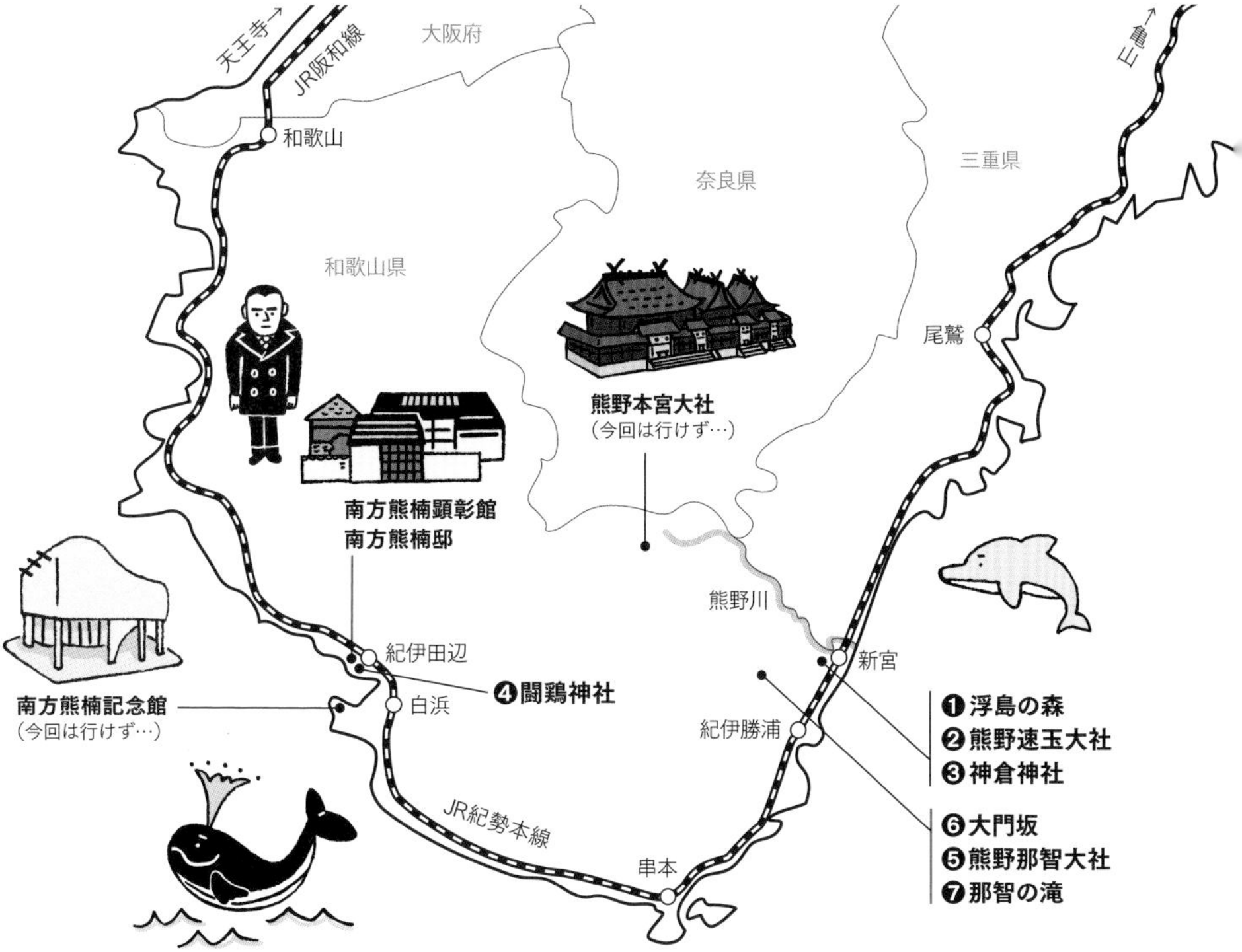

Koke in towns 9

コケ好き予備軍といざ行かん

鎌倉の御朱印集めとコケさんぽの思い出

あなたのまわりに植物を育てたり飾ったりするのが好きな人、自然が豊かな場所に出かけるのが好きな人、写真を撮るのが好きな人、お寺や神社めぐりが好きな人はいるだろうか？　一人くらいはきっといると思う。あくまで私調べだが、そのような人々はきっかけさえあれば、あなたとコケで繋がる〝コケ友〟になれる可能性大。いわゆる「コケ好き予備軍」だ。

まわりに同志がいない孤独なコケ好きにとって、コケの魅力を分かち合える可能性を秘めた誰かの存在は偉大。周囲にコケ好きがいないと長年嘆いてきたあなた、ぜひ身近なコケ好き予備軍を誘って、まずはその人が好みそうな場所に一緒に出かけてみてほしい。

かくいう私も、コケを趣味とするようになって数年たったころ、コケ仲間を増やしたくて友人や身内を誘ってはあちこちに出かけていたことがあった。とくに鎌倉を二年ほ

杉本寺のコケの石段。寺は奈良時代に行基によって開創され、歴史は鎌倉最古といわれる。コケを守るため現在はこの石段は通行禁止。隣には参拝者用の階段がある

ど一緒に歩いたTちゃんとのことは、じつに思い出深い。

友人のTちゃんはSNSのオフ会で知り合った、私と歳が一つ違いの女性だ。植物を愛でたり、お寺や神社をめぐるのが好きな人で、さらには歴史や日本文化にも詳しく、妙に馬が合った。もしかしたらコケにも興味を持ってくれるかもしれない。彼女を誘うなら鎌倉なんてどうだろう。

鎌倉は寺が多く、しかも四季の花々が豊富。一方、コケ目線で見ても、三方を山に囲まれた街は自然が多くて、古木や古い建造物にはコケがよく見られる。初心者にはうってつけのコケスポットだ。当時はTちゃんは横浜、私は東京の世田谷区に住んでいて、鎌倉までは電車で一時間半くらい。日帰り旅行気分で行けるという距離もよかった。

さっそくTちゃんを誘ってみると、行ってみたいと二つ返事。それから私たちは一か月に一度くらいは鎌倉の街を訪れるようになった。ぶらぶら歩いて美味しいものを食べたり、どこそこのお寺で貴重な仏像や宝物《ほうもつ》が期間限定で公開されると聞けばそれを見に行ったりと、楽しい時間をともにした。

そして何度目かの鎌倉散歩をしていたある日、

「これだけ鎌倉によく来るんだから、御朱印集めしてみない？　お寺の苔庭とかも見れそうだし」

とTちゃんから提案があった。

なんと！

これまで何度も一緒に鎌倉を訪れていながら、じつは私はTちゃんにことさらにコケを勧めることはしてこなかった。コケ好きというのは、いざとなるとアピール下手なのだ。しかし、何度も寺社の石垣や道端のお地蔵さまなどに生えているコケを見つけては立ち止まり、写真を撮りまくっていた私を見て、Tちゃんはきっと気にかけてくれていたのだろう。ありがたい。

そしていま、Tちゃんはコケ好き予備軍からコケ友へと着実に前進している。私はたしかな手ごたえを感じた。

かくして私たちは鎌倉の三三か所の観音様をめぐって御朱印を集める「鎌倉三十三観音霊場めぐり」をしつつ、同時に各所のコケも愛でるという「コケさんぽ」を始めることになった。私もこうなったからには本格的にコケの魅力をTちゃんにアピールして、こちら側に引き込んでしまう気満々である。

六月下旬のある日、私たちは一番目の札所である杉本寺《すぎもとでら》を訪れた。じつはここ、コケスポットとしても抜群に良い。

一面苔生す石段があり、湿度の高いこの時季は階段のコケが最高に輝く。Tちゃんもその美しさに思わず足を止め、「すごいねぇ！」と声をあげる。しばしともにコケを愛でる静かな時間。これは幸先がいい。

三十三観音というとかなりの数のように感じるが、鎌倉の場合はそのすべてが半径五〜六キロメートル圏内に集中しており、意外と回りやすい。また、同じ三十三観音札所の報国寺《ほうこくじ》（別名「竹寺」）や長谷寺《はせでら》などは世間一般には竹林やアジサイが有名だが、じつはコケもなかなか豊富だ。その他にも、知る人ぞ知るコケスポットというのがいくつもある。

数か月に一回の頻度で二、三か所ずつ札所めぐりをするうちに、次第にTちゃんはルーペの使い方を覚え、鎌倉の苔庭でとくによく見られるコツボゴケやコバノチョウチンゴケ、フタバネゼニゴケなどの名前も言えるようになっていき、私たちの間にもだんだんコケの話題が増えていった。

御朱印集めを始めて二度目の春、三三番目の札所である北鎌倉の佛日庵《ぶつにちあん》にて、とうとう私たちは最後の御朱印を手にすることができ、結願《けちがん》した。

かくしてTちゃんはすっかりコケ好きになったか、といえば……どうだろう。そもそも「好き」に定義なんてあるようでないし、その度合いというのもはなからはかりようのないものである。またコケの魅力というのは宇宙のように果てがなくて、どこにどう心惹かれるかということを言葉であらわすのは難しい。

あれからもう何年もたち、Tちゃんはいまアメリカで暮らしている。なかなか会うことができなくなってしまったけれど、年に何回かやり取りするグリーティングカードの

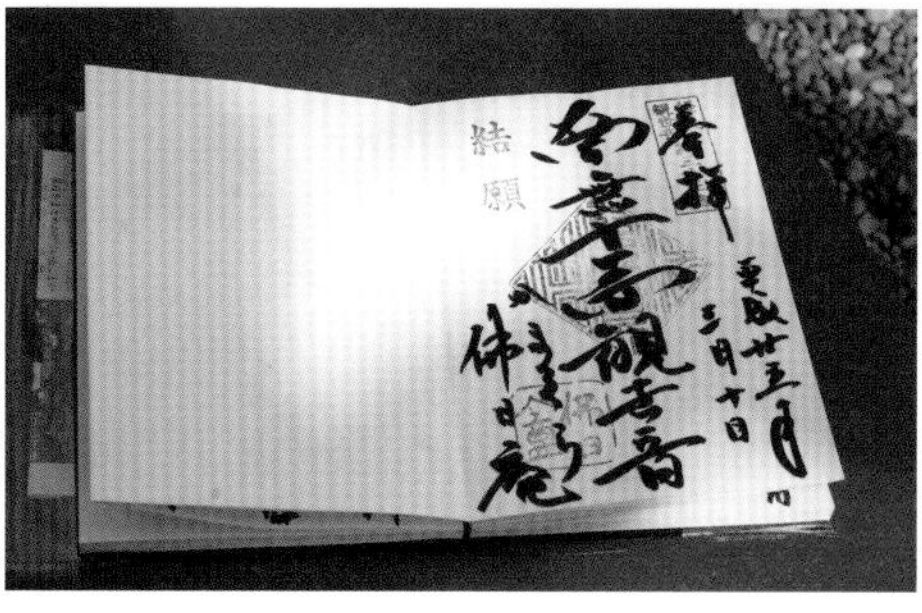

上／参道のコケの手触りを確かめるＴちゃんの手
下／「結願」の朱印が押された佛日庵の御朱印

中で、時々コケについて触れられていることがある。Tちゃんはいまごろ私が行ったことがない場所で、私が見たことのないようなコケを見ているのだろう。うらやましいなと思いつつ、御朱印を集めながら鎌倉をコケさんぽしたあの日々がもし彼女のコケの原点になっているのなら、それで本望だったりする。

上・下／報国寺。山門を入ると美しい苔庭が出迎えてくれる。春先は胞子体をつけたコツボゴケでいっぱいだった

鎌倉名物イワタコーヒー店のホットケーキと、鎌倉五山のけんちん汁（うどん）。コケさんぽのあとにはいつもTちゃんと美味しい喫茶店やごはん屋さんを探すのも大きな楽しみの一つだった

長谷寺。アジサイをはじめ四季折々の花が美しく咲くが、その足元には多種のコケが繁茂している

TRIP DATA

鎌倉（鎌倉三十三観音霊場）

神奈川県鎌倉市周辺

交杉本寺、報国寺、長谷寺へはJR横須賀線「鎌倉駅」や江ノ島電鉄「鎌倉駅」を下車し、徒歩やバス。佛日庵（円覚寺山内）へはJR横須賀線「北鎌倉駅」を下車、徒歩1分。または「鎌倉駅」からバス。

※駐車場の有無は寺によって異なる
※参拝時間、参拝料、行き方などの詳細は各寺のホームページなどで確認してください

Column
海外コケめぐり

スイス
Switzerland

ツェルマットの街から
見たマッターホルン

国土の約七割が山岳地帯というスイス。コケもさぞや多かろうと期待したが、首都ベルンや金融都市チューリッヒの都市部では、ほとんどコケを見つけられなかった。おそらく日本よりも雨が少なく乾燥した気候のせいなのだろう。

一方、名峰マッターホルン（標高四四七八メートル）の山麓の街ツェルマットでは、あちこちでよくコケを見かけた。山の影響で、雨が降ったり、霧がかかったり、雲が降りてきたりと一日の中でも天気が目まぐるしく変わる。お湿りが多いおかげでコケも暮らしやすそうだ。

旅の目的地は遠いほど、さらには次いつ行けるかわからない異国の地ほど高揚感が増すが、それと同時に言葉や文化、ライフスタイルの違いも大きく、戸惑いを覚えることも増える。

だからこそ、いつも見慣れているものに偶然に出会えた時の安堵感たるや。日本の民家の屋根と同じように、スイスの小屋の屋根にこんもりとのったコケは、「どこの国でも違うこともあれば、同じこともある。焦らずにいきましょう」とこちらに語りかけているように見えた。

chapter 3

苔庭

Koke in gardens

人の手によって造られ
守り育まれる苔庭。
庭の数だけコケと人が
紡ぐ物語があります。

あなた好みの苔庭は？

飛鳥・奈良時代に、仏教とともに中国から伝来した庭園文化は京都を中心に発展し、全国へと広がっていきました。いまやコケを取り入れた個性豊かな日本庭園が各地にあります。ここでは筆者がこれまで訪れた場所を中心に、「コケが主役級」の庭と「コケがデザインの一要素」の庭に大別し、東西の分布軸も加えて苔庭を分類してみました。

東西の日本庭園にみる コケの存在感チャート

提供：(一社)西予市
観光物産協会

西芳寺
（京都府）
▶詳細は p.84

平泉寺白山神社
（福井県）

苔の里
（石川県）
▶詳細は p.89

苔筵
（愛媛県）

祇王寺
（京都府）

那谷寺
（石川県）
▶詳細は p.96

撮影：堀内雄介

三千院
（京都府）

銀閣寺
（京都府）
▶詳細は p.78

天授庵
（京都府）
▶詳細は p.78

法然院
（京都府）
▶詳細は p.78

旧竹林院
（滋賀県）

南禅院
（京都府）
▶詳細は p.78

教林坊
（滋賀県）

秋篠寺
（奈良県）

兼六園
（石川県）

東福寺
（京都府）

光明禅寺
（福岡県）

無鄰菴
（京都府）

西日本

提供：植彌加藤造園(株)

Koke in gardens 1

京都の苔庭めぐりに迷ったら……

東山山麓を苔庭はしご

日本が誇る歴史的建造物の宝庫であり、伝統文化が息づく京都は、いまも昔も世界的に人気の観光都市だ。関西圏に住む私は、京都までJRで片道約一時間という行きやすさもあって、これまで訪れた回数は数知れず。しかしいまだに「明日、京都へ行く」となると前日の晩から胸が躍る。それだけ京都には何度訪れても人を飽きさせない魅力がある。関西圏の私ですらこうなのだから、遠方からの旅行者はさぞかし期待に胸をふくらませることだろう。

とはいえ京都は、どこもかしこも見所だらけ。美しい苔庭がある古刹《こさつ》も多く、調べれば調べるほど、どこへ行くべきか悩む。限られた旅程でいかに京都の苔庭を満喫するか。せっかく行くのだから一か所と言わず複数か所を効率よく、できればお財布にも優しくめぐりたい。そんな人におすすめなのが、東山山麓の寺の苔庭をめぐる〝苔庭はしご〟だ。

「東山」とは一つの山の名称ではなく、京都市の中心部から見て東側に連なる山々の総称。東山山麓に位置する南禅《なんぜん》寺《じ》、法然院《ほうねんいん》、銀閣寺《ぎんかくじ》（慈照寺《じしょうじ》）は境内と山がひとつらなりになっているところが多く、都市部近郊とは思えぬほどコケが豊かだ。南禅寺から法然院を経て銀閣寺まではおよそ二キロメートルなので、歩いてはしごすることも十分可能な距離。たとえば、筆者のめぐり方はこんな感じだ。

上／法然院。苔生した茅葺き屋根の山門がフォトスポットだが、足元のウマスギゴケもすばらしい　左／哲学の道の道標。道沿いには琵琶湖疏水が流れ、何か所も橋が渡されている

スタートは京都市営地下鉄東西線の蹴上駅《けあげ》。駅近くにあるレンガ造りのトンネルをくぐって一〇分ほど歩くと、まず南禅寺が現れる。南禅寺は一三世紀の鎌倉時代に亀山法皇《かめやまほうおう》が臨済宗《りんざいしゅう》の僧・無関普門《むかんふもん》を招いて開創した臨済宗南禅寺派大本山の寺院だ。大本山というだけあって境内は広く、方丈《ほうじょう》（本堂）以外にも別院や塔頭《たっちゅう》がいくつもある。これらすべてを回っているとかなり時間がかかってしまうので、今回はとくにコケ度が高くて個人的にも好みな二か所に絞ることにする。

まず一つ目は南禅院。ここには鎌倉時代末期に作庭されたという池泉回遊式《ちせんかいゆう》庭園がある。池には上池と下池があり、下池の目の前には、苔庭のコケの代表格・ウマスギゴケが一面に広がっている。一方、上池は林に囲まれて少し薄暗いが、小さな滝があって清々しい水音の中でしっとりとしたコケを愛でることができる。京都の中でも指折りの古い歴史をもつこの庭園は、決して広くはないが方丈や他の別院とは雰囲気が異なり、素朴で趣深い雰囲気が楽しめる。

次に訪れた天授庵《てんじゅあん》は、枯山水《かれさんすい》の庭（東庭）と池泉回遊式庭園（南庭）があり、両庭のコントラストがとても面白い。門をくぐって最初に現れる枯山水は、白砂の中に菱形の畳石がまっすぐ並べられ、その周りをウマスギゴケが旺盛に覆う。幾何学模様のシャープさとコケのやわらかさが相まってとてもモダンだ。一方、池泉回遊式庭園は日当たりや湿度の具合に合わせて多彩なコケが自由にのびのびと繁茂しているという感じで、どこを歩いても楽しい。とくに池の内側に突き出した石組、手水鉢《ちょうずばち》など、コケが景観の主役となっている場所もあり、眼福のひと時を過ごせる。

南禅寺を出たあとは北に進み、法然院へ向かう。南禅寺から五〇〇メートルほど歩くと熊野《くまの》若王子《にゃくおうじ》神社前から始まる哲学の道の南端に出る。この水路沿いの道を歩くと法然院にも銀閣寺にもたどり着くことができる。沿道は自然も豊かで〝コケ散策路〟としてぶらぶら歩くのもおすすめ。でも、もし時間に余裕がない時は、南禅寺周辺からバスやタクシーで次の寺に移動するのも可能だ。

法然院は浄土宗の開祖・法然上人が鎌倉時代にこの地に開いた草庵をルーツとする寺院だ。境内は東山の一つである善気山《ぜんきさん》と地続きで、うっそうとした山の中の寺という雰囲気。苔生した茅葺き屋根の山門の先にある苔庭は、善気山に生えているさまざまなコケの胞子が飛んできてできあがったものという。ちなみに、境内の一番奥にある方丈庭園は毎年春と秋に期間限定で公開されるそうだが、まだ一

東山山麓の
苔庭はしご地図
Higashiyama Koke Trip Map

東山山麓は日本蘚苔類学会の「日本の貴重なコケの森※」の認定地にもなっています。

銀閣寺　右／観音殿（銀閣）左／池泉回遊式庭園

法然院　茅葺き屋根の山門と白砂壇

哲学の道と琵琶湖疏水

ねじりまんぽ

南禅寺　上／天授庵の南庭の石組　左下／南禅院の一面のウマスギゴケ　右下／南禅院の目の前にある水路閣。琵琶湖疏水から分岐した水路にかかる

※詳細は p.170へ。

度も入ったことはない。それよりも山門に入る手前の参道がすでにコケでいっぱいで、毎回足が止まってしまう私のお気に入りのコケスポットだ。

　さて、また哲学の道に戻って五〇〇メートルほど北に進むと、いよいよ〝苔庭はしご〟のフィナーレ、世界遺産にも登録されている銀閣寺（慈照寺）に到着だ。京都きっての名刹だけあって、この日一番の参拝者の多さ。寺は室町幕府第八代将軍・足利義政《あしかがよしまさ》が一四八二年に造営した山荘が起源で、義政の没後に臨済宗の寺院となった。庭園は義政が西芳寺《さいほうじ》（詳細は八四ページ参照）を模して造ったものといわれ、上段は石組、下段は池泉回遊式庭園の二段式になっている。山麓の斜面をいかした庭は一面が苔生して壮観な眺め。起伏によって日なたと日陰のバランスが変わるためか、よく見るとさまざまなコケが生えていてパッチワークのようだ。

　京都の名高い寺の苔庭を訪れて、いつも静かに感激するのは、美しく整った庭にはあまり歓迎されないゼニゴケやジャゴケなどの葉状体の苔類や、名前もよく知られていない多くの小さなコケさえも、決して邪魔者扱いせずに庭の一員として生かしていることだ。そのコケの多様性が、そのまま境内の動植物の多様性にも繋がっていると感じる。京都は三方を山で囲まれているため苔庭も山裾に位置しているものが多い。雑多なコケを取り除かないのは、もしかしたら雨などで流れやすい庭の表土を大小さまざまなコケたちが覆うことでくい止められるからなのかもしれない。しかし、そういった知恵も代々庭を守ってきた人々が安易に自然を区別せず、仕切らず、庭の自然が自然のままであることに逆らわないで受け入れてきたからこその賜物だろう。苔庭には日本人の自然観が詰まっている。それを感じたくて、私は折に触れて京都に足が向いてしまうのだ。

上／銀閣寺の水辺は葉状体の苔類で覆われる
下／天授庵の苔生した手水鉢

上／法然院の参道周辺。石垣は魅惑のコケスポット　左下／ジャゴケとオオケマイマイ　中下／ジンガサゴケ　右下／フルノコゴケ

TRIP DATA

東山山麓

南禅寺（南禅院）
京都府京都市左京区南禅寺福地町　☎075-771-0365　開8時40分～16時30分（季節によって変動あり）休年末　料400円

天授庵
京都府京都市左京区南禅寺福地町 天授庵　☎075-771-0744　開9時～16時半　（季節によって変動あり）休11月11日午後～12日午前中。臨時の拝観休止日もあり　料500円

法然院
京都府京都市左京区鹿ヶ谷御所ノ段町30番地　☎075-771-2420　開6時～16時（季節によって変動あり）休なし　料無料

銀閣寺（慈照寺）
京都府京都市左京区銀閣寺町2　☎075-771-5725　開8時30分～17時（季節によって変動あり）休なし　料500円

Koke in gardens 2

世界でいちばん有名な苔庭

西芳寺

苔庭のある日本の寺の中で、おそらく世界一有名だろうこの寺を、実際に訪れたことがあるコケ愛好者はどれくらいいるだろう。意外かもしれないが、私のまわりのコケ仲間には「行きたいとは思ってるんだけど、西芳寺《さいほうじ》はまだ……」という人がわりといる。

二の足を踏んでしまう最大の理由は、おそらく参拝が「事前申込制」だからだ。しかも電話でもメールでもなく、必ず「往復はがき」で申し込まないと受け付けてもらえない。申し込む際は候補日を三つまで挙げられるが、どの日に決まるかは、返信がくるまでわからない。いまや二十四時間いつでも送信してすぐに返信が得られる便利さが当たり前の時代だけに、この申込方法には敷居の高さを感じてしまう人も多いのだろう。かく言う私も日ごろからインターネットがある生活に慣れきっていて、長らくその敷居をまたげずにやり過ごしてきた一人だ。

しかし先日、大正生まれで大の京都好きだった祖母が生前に私に宛てて書いた手紙が偶然に出てきて、中に書かれていた言葉に気持ちが揺さぶられた。

「人生はいつ何が起こるかわからないものです。だからちゃこちゃん(筆者の愛称)も、どこだって行ける時に行っておく。何事もやれる時にやっておくことですよ」

上／下段の庭・池泉廻遊式庭園。どこもかしこもコケで覆われたやわらかい表情の庭。120種以上のコケが確認されている　下／池にはカモが生息。シラサギやカワセミなどもやってくるという

この手紙を受け取った二十代のころは読み流していたが、この歳になり、こういう時代になって再び読み返してみると、本当にそうだなぁとしみじみ思う。「いまどき、はがきでなんて……」とぶうたれていても何も変わらない。それからまもなく私は郵便局へ往復はがきを買いに行き、その祖母の娘である母を誘って西芳寺を訪れたのだった。

京都市内の西に位置する西芳寺は、一四世紀に作庭の名手であった高僧・夢窓疎石《むそうそせき》（夢窓国師《こくし》）が再興したことで知られる。しかしこの地の歴史はもっと古く、飛鳥時代に聖徳太子がここに別荘を建てたのが始まりなのだそうだ。その後、八世紀の奈良時代に、行基《ぎょうき》が聖徳太子の別荘地跡に法相宗《ほっそうしゅう》の「西方寺」を開山。戦乱で幾度となく寺は荒廃と再興を繰り返したが、一三三九年、西方寺の北に位置する松尾大社《まつのおたいしゃ》の宮司・藤原親秀《ちかひで》が禅宗の一派、臨済宗の僧侶・夢窓疎石を招請。禅の境地を表現した枯山水式庭園と池泉回遊式庭園の上下二段の庭がここに完成した。寺名もこの時に「西芳寺」と改められた。

いまでこそ「苔寺」と呼ばれる西芳寺だが、夢窓疎石が作庭した当時、庭はコケで覆われてはおらず、池には美しい白砂の島が二つ浮かんでいたという。いまはないが当時は池の岸辺に庭全体を俯瞰できる楼閣があり、人々は白砂の島と、季節の花木をそこから眺めて楽しんだ。しかし、その華やかな庭と建物は応仁の乱（一四六七－一四七七年）でほぼ全焼。江戸時代には度重なる洪水にも見舞われ、寺は再び荒廃してしまう。

コケが繁茂し始めたのはそれからしばらく時がたった江戸時代中期（一八世紀ごろ）と伝えられる。参拝客のいなくなった静かな寺の中で僧侶たちが地面の落ち葉を日々掃き清めた。その長年の繰り返しによって唯一無二の苔庭が生まれた。掃くことは〝自分の心を磨く〟という禅の修行の一つでもあった。

参拝はまず本堂で写経を行ったあとに庭園を拝観する順序になっている。庭園だけ見学するというわけにはいかないのも、これまで私が尻込みしてきた理由だ。慣れない筆を持っての写経は肩が凝りそうだなと思ったが、いざ始めてみると目の前の文字だけに集中するため無心になり、緊張がほぐれる。気づいたら一五分ほどで書き終えていた。

本堂を出て、池泉回遊式庭園に向かう。噂にたがわぬすばらしい苔庭が目の前に待ち構えていて、息をのむ。庭園内には、黄金池《おうごんち》と呼ばれる池の淵を沿うように石畳の小道

上／上段の庭・枯山水庭園（現在非公開）。夢窓疎石によって築かれた日本最古の枯山水の石組という　右下／現在の本堂は1969年の再建。この中でまずは写経と参拝を行った　左下／池や岩、起伏に富んだ地形も多様なコケを育む。庭の奥にあるのは千利休の後継者の一人・千少庵（せんのしょうあん）が建立した茶室「湘南亭」

があり、三六〇度どこからでも池を眺めることができるようになっている。一本道で道幅は狭いが、参拝者が限られているため渋滞することもない。日常では絶対に出会うことのないコケの絶景をしばらくただ眺めた。

おそらくけっこうな時間、そうしていたせいだろう。通りかかった僧侶が、

「コケに植えたものはなく、すべて自然に生えてきたものばかりです。落ち葉取りや雑草抜きなどの最低限のケアはしますが、あとは植物の力に任せているんですよ」

と笑顔で教えてくれた。〝西芳寺は敷居が高い寺〟と一人勝手に身構えていた私は、まさか僧侶から話しかけてもらえるとは思わず驚いた。そして驚いた拍子につい口が滑って、「そういえば、どうしてこちらは事前申込制の少人数参拝なのですか？」とつっ込んだことを尋ねてしまった。

するとその僧侶は穏やかな表情のまま、こう答えてくださった。

「じつは人数制限もなく、いつでも自由に参拝して頂いていた時代もあったのです」

以前は、西芳寺は参拝自由な寺であった。しかし一九五〇年代中ごろ、世界的な〝庭園ブーム〟によって寺には国内外から大勢の観光客が押し寄せた。昭和初期まで

参拝者がほとんどいなかった閑静な寺とその周辺は人と車であふれ、交通渋滞も起こるほどになった。苔庭だけを観て帰っていく無数の観光客、あとには踏まれて傷んだコケ。このままでは禅の修行の場としてきた寺が〝観光の寺〟となってしまう。寺側は苦渋の決断で一九七七年七月から現在の事前申込制に踏み切った。誰も彼もが参拝はできなくなってしまったが、庭園のコケは蘇り、虫や鳥も戻ってきた。苔庭は〝信仰の場〟として今日に至っている。

「そういえば、おばあちゃんも昔、西芳寺に来たことがあったわ。たしか事前申込制になる前の時代に。苔庭がきれいだけど混んでたって言ってたな」

と、帰り道に母がふと思い出したように言った。

観光ブームの弊害に苦しんでいた時代の西芳寺を知る祖母の手紙のおかげで、禅寺本来の静寂を取り戻した現在の西芳寺を訪れることになった私。なんという奇縁だろう。悠久の時間と代々の僧侶たちの手によって育まれてきた苔庭は、いったい誰のためのものか。無論、無作法な観光客やコケ愛好者のためのものではない。訪れる前に何の想像力も働かなかったことをいまさら恥じたが、自分の傲慢さに気づくきっかけをもらった有意義な旅だった。

寺のすぐ横を流れる西芳寺川は黄金池に注ぎ込む。左隅に写っているのはうちの母

TRIP DATA

西芳寺

京都府京都市西京区松尾神ケ谷町56
☎075-391-3631
料3000円～
交JR「京都駅」から京都バス(73系統)で約60分「苔寺・すず虫寺」下車、徒歩3分。阪急電鉄嵐山線「上桂駅」または「松尾大社駅」から徒歩でも（それぞれ約15分）
※往復はがきによる事前申込制。参拝希望日の2か月前から受付けている。2021年6月から直前の申込に限りオンラインでの受付も

Koke in gardens 3

人々が集い、守り育くむ生活文化と苔庭

苔の里で憧れの苔庭掃除

苔庭の落葉掃きに使う竹製の手ぼうき

「日本の苔庭最適気候地は低温多湿な北陸」という一文を『苔とあるく』[※1]の中に見つけたのはいまから十数年前のこと。それ以来、北陸には強い憧れがあった。

北陸のコケの有名どころといえば、やはり福井県勝山《かつやま》市にある平泉寺《へいせんじ》白山《はくさん》神社だろう。白山の登山口にあり、「北陸の苔寺」の異名を持つ立派な苔庭は、司馬遼太郎が『街道をゆく』の中でも絶賛している。

でも私がとりわけ心惹かれていたのは、石川県小松《こまつ》市日《ひ》用町《ようまち》にある苔の里だった。なんでもここには、たった七世帯が暮らす小さな集落の一角に、すばらしい苔庭と大正時代の古民家をリノベーションした交流体験施設、そして白山の神を祀った日用神社があるという。住民らが代々大切に守ってきたこれらの苔生す私有地を、国内外の人にも鑑賞・活用してもらおうと特別に開放しているらしい。見学できる苔庭といえばお寺や神社のものというイメージがあったので、この苔庭を市井の人々が開放しているというところになんとも親しみを感じた。

ぜひ行きたいと思いながらもなかなかチャンスがなく、それから何年もたったある時、コケ仲間の集まりで苔の里に興味があると私が話したら、そのうちのお一人から、「私、行ったことありますよ。ええとこです。もし行くん

やったら、先にサポーター制度に登録しとくといいですよ」とアドバイスをもらった。サポーター登録をしておくと、年に何回か苔の里から「苔庭の落ち葉掃除や苔庭造りに参加しませんか」というお誘いメールが届くのだという。
これはいいことを聞いた。ご存じの通り、全国のほとんどの寺社の苔庭というのは、参拝者がむやみに入らぬよう柵で囲まれ、立ち入れない。唯一、苔庭に入ることができる人がいるとすれば、それは日々の庭の掃除や手入れをする庭師だけだ。苔庭掃除はいわばすべてのコケ好きの憧れであり、世界中のコケ好きたちが死ぬまでに叶えたい夢の一つと言っても過言ではない。そんな一般市民には高嶺の花といえる苔庭に入り、コケと触れ合えるチャンスが苔の里にはあるなんて！　これはやはりなんとしても行かねばなるまい。早速サポーター制度に登録し、その年の一一月下旬、私はJR大阪駅から特急サンダーバードに乗って約二時間半、小松駅に降り立った。

日用町にほど近い粟津《あわづ》温泉のホテルに前泊して、翌日の土曜日、朝九時にタクシーで苔の里へ向かった。
杉林の山間に日用町集落は突如現れる。苔の里の入口には、すでにこの日のサポーターたちが集まっていて、同町

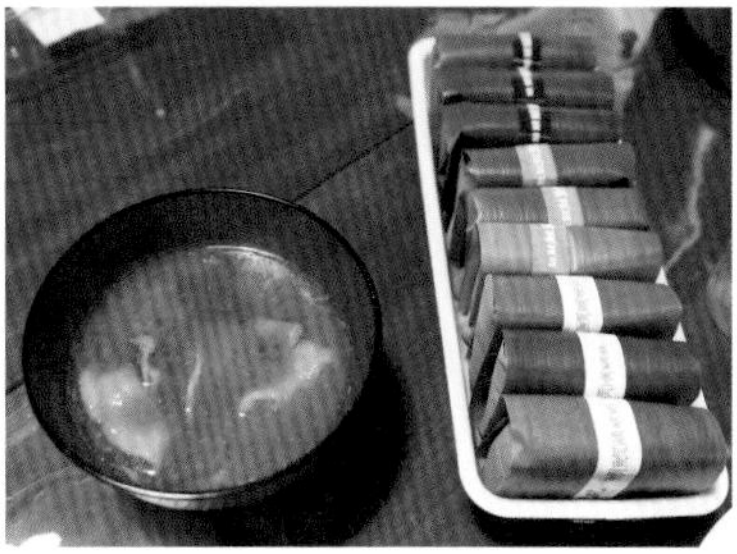

上／日用神社のそばにあるウィズダムハウス。当日は苔庭掃除のあとに、ここで慰労会が開かれた　下／慰労会でふるまわれた猪汁と笹寿司

右ページ／落ち葉集めは真剣そのもの。無心になってもくもくと葉を集める作業は不思議と飽きず、あっという間に時間が過ぎていく　上／掃除のあとのヒノキゴケは最高の手触り　下／この日、集めた落ち葉は軽トラ1台分

の住民有志で苔の里の維持管理をしている日用苔の里整備推進協議会（以下、苔協）の皆さんが笑顔で出迎えてくれた。

「では、今日は日用神社の落ち葉掃除をお願いします」の声で、早速、苔庭タイムは始まった。サポーターは常連が多いのか、大人も子どもも勝手知ったるというふうにほうきや熊手を各々手に取り、苔庭の中へ散らばっていく。苔庭に人、人、人。こんな光景を見たのは初めてだ。ほうきで落ち葉を掃くなんていつぶりだろう。コケを傷つけないように気を使っているとなかなかうまく掃けない。一方、他のサポーターたちはコケ群落の隆起に合わせて熊手とほうきをうまく使い分けながら手際よく落ち葉を集めていく。

落ち葉には何種類かあるが、圧倒的に多いのはスギだ。日用町はもともと銘木「日用杉」の産地で、集落の人々はスギの落ち葉「杉《す》ん葉《ば》」を拾ってかまどや風呂、いろりなどの燃料に活用していたという。それが同時に地面を手入れすることにもなり、この地に自然とコケが増える要因となった。おそらくスギの木立がつくる木漏れ日と夏でも涼しい環境、そして谷あいならではの空中湿度の高さもコケの生育に適していたのだろう。

コケになったつもりで天を仰ぎ見る。杉木立に守られているからか、風もなく静かで心地いい。足元のヒノキゴケは「イタチノシッポ」※2の名に違わず、最高の手触りだ。

掃除もせずにコケにうつつを抜かしていたのを日用神社の神様が見ていたのか、突然、茶色くなったスギの葉が頭の上に落ちてきた。驚いて思わず声を上げると、

「こうやって次から次へとひっきりなしに落ちてくるからね。この集落の者だけで落ち葉を拾っていた時は本当に大変でしたよ」

と、隣でせっせと落ち葉拾いをしていた苔協のご婦人が、その手を休めることなく教えてくれた。

社殿周りの苔庭掃除がすむと、皆でお茶を飲んでしばしの休憩。そのあとは、同じ境内にあって最近拡張したという苔庭の落ち葉拾いに取りかかった。

苔の里のサポーター活動は一年を通して行われる。毎年春に新しいコケをトレーに植えつける作業に始まり、晩夏には育ったコケを土の上にはりつける作業、そして晩秋には落ち葉掃除が待っている。この日のサポーターは小松市内をはじめ、金沢市やお隣の福井県から来た人が中心で、なかには自分の植えつけたコケが苔庭の一部になるまでを見たくて、すべての作業に参加してきたという人もいた。

また、苔協ではこうした苔庭整備以外にもコケの専門家を招いてのコケ観察会や、交流体験施設「Wisdom House（ウィズダムハウス）」で苔庭を眺めながらのジャズライブなど、この場所に人々が集い、楽しめるイベントを定期的に開催していて、遠方から訪ねてくる人も多いという。苔協の副会長であるAさんは、

「この集落では昔から各家の苔庭はそれぞれが管理し、神社は皆で掃除するのが習慣でした。でも最近は少子高齢化が進み、杉ん葉を使わない生活様式にもなったので、住民だけですべてを管理するのが難しくなってしまった。そこで集落以外の人たちに呼びかけてみることになったんだけど、思いのほか多くの方々に応援してもらえてね。皆さんとの交流に私たちはとても元気をもらっているんですよ」

とこの活動のいきさつを話してくれた。今後は、先人たちが長い時間をかけてつくり、維持してきたこの自然環境や里山文化をこうした体験型活動を通じて未来に繋ぎ、次世代も暮らせる町づくりをしていくのが目標だ。

一方、サポーターたちも、「ここに来ると心が休まるし、コケに没頭しているとリフレッシュできる」「苔庭を通して四季をぐっと身近に感じるようになった」「子どもとコケの隙間にいる虫やキノコを見つけるのも楽しい」とこの活動に大いに魅力を感じているようだ。〝共存共栄〟とい

築山はまるでコケの海原。杉木立の向こうに見える古民家には日用町の住民が暮らす

うとちょっと大げさかもしれないが、すばらしい相互関係だと思う。

苔庭掃除の会がお開きとなったあとは、車道を挟み日用神社の向かいに位置する苔庭に向かった。最初に小さな木造の門をくぐると、土を盛り上げてつくられた築山《つきやま》が目の前に現れた。斜面をどこまでも覆うコケの大群落は「コケの海原」と呼びたくなるような圧巻の光景で、しばらく足が止まる。しゃがみ込んで足元のコケ群落に視線を落としてみると、この庭を構成しているのがスギゴケ類、オオシッポゴケ、ヒノキゴケ、ハイゴケ、フトリュウビゴケ、コウヤノマンネングサなど中型から大型の蘚類が主だとわかった。また一角には、苔庭ではあまり見かけないミズゴケ類の群落もある。

少しずつ色合いや質感が異なる緑の海原にさすやわらかな木漏れ日、曲線的なコケの群落と直線的なスギのコントラスト、そして日用神社でも感じたこの場所特有の静けさ、何もかもが美しくて言葉がない。何度も来たくなってしまうのはもっともだ。

帰り際、苔の里は年々知名度が上がって来訪者が増えて

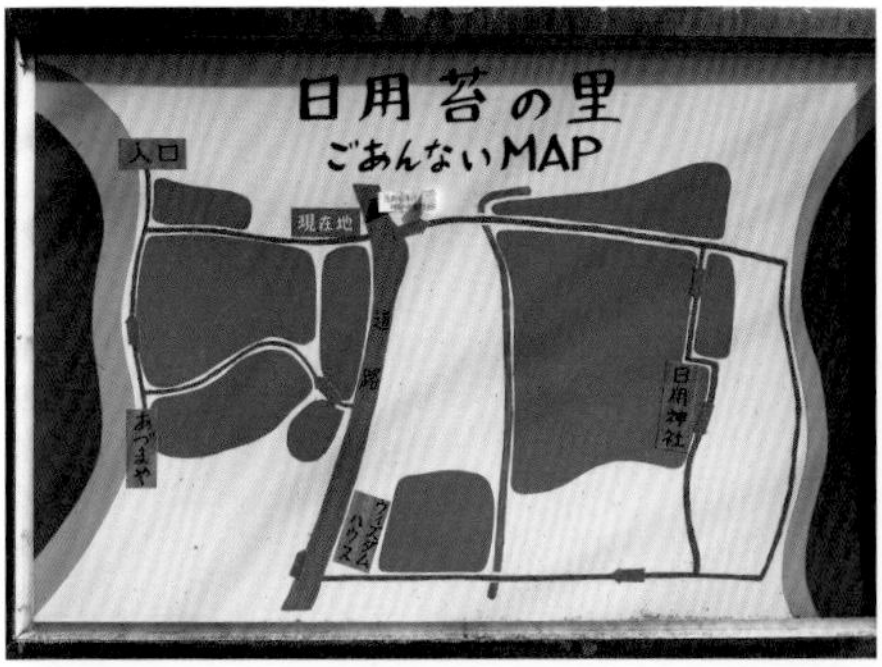

いるというのに、敷地案内の看板は昔ながらの簡素なものが一つきりなのが気になって、Aさんに尋ねてみた。すると「あえて増やさず最低限にとどめている」との答え。それはこの里山ならではの静けさを来訪者にじっくり味わってもらいたいという心遣いであると同時に、親切にし過ぎて安易な観光地に転じることがないようにとの布石でもあるという。

北陸は苔庭の最適気候地であるとともに、代々受け継がれるこうした人々の気風もまた苔庭にとって最適なのだ。ますますこの場所が好きになってしまった。

※1　『苔とあるく』は岡山県倉敷市にある古本屋「蟲（むし）文庫」の店主・田中美穂さんの著作。WAVE出版より二〇〇七年に初版発行。筆者が初めて買ったコケの本で、いまでもバイブルとして後生大事に持っている。コケ初心者にお勧めの入門書です。

※2　「イタチノシッポ」とはヒノキゴケ（蘚類ヒノキゴケ科）の別名で、茎に細くやわらかな針状の葉をたくさんつけて、形状がイタチのしっぽに似ていることから、そのように呼ばれる。手触りもふわふわとやわらかくてまるで動物の毛のようと評されるが、乾燥時は縮れてゴワゴワとした感触になる。

上／コケの間を縫うように続く小道。ししおどしの近くには立派なミズゴケの群落も見られた　右ページ右上／ヒノキゴケの群落に点々と生えるコウヤノマンネングサ　右下／苔の里のコケが一堂に会したようなスギの朽ちた切り株　左上／苔の里の地図。案内の看板はあえてこれだけ　左下／秋篠宮家の眞子内親王殿下がこの地を詠んだ歌碑

TRIP DATA

苔の里／叡智《えいち》の杜《もり》

石川県小松市日用町寅71番地ほか
☎090-7083-6969
開9時～16時　休荒天時、12月中旬～3月中旬
料500円（環境整備協力金）
交小松空港から車で約25分、JR「小松駅」または「加賀温泉駅」から車で約20分
※苔庭ガイドを希望の場合は、要事前問い合わせ

Koke in gardens 4

コケ・奇岩・史跡マニアが酔いしれる

那谷寺、苔生す参道で夢うつつ

苔の里のあと、苔協のAさんのすすめで那谷寺《なたでら》を訪れた。苔の里と那谷寺は直線距離で約五キロメートル。車に乗って一五分ほどで到着する。

那谷寺のコケはすごい。何がすごいって門前からすでにコケだらけなのである。境内に入ったら敷地内のコケがそれなりにすごかったという体験は何度もあるが、門前からこんなにモコモコしているお寺は初めてだ。「那谷寺境内」と刻まれた石碑、石灯籠、スギの大木、拝観料を支払う受付建物の屋根……、山門をくぐる前から思わず撮りたくなるコケの風景であふれている。おかげで参拝料を払う前から一眼レフのシャッターを切りまくった。

カメラを手に三〇分ほど門前をウロウロし、ようやく山門をくぐる。石畳の参道に一歩踏み入ると、途端に視界が開けた。目の前の景色に思わず息をのむ。

まっすぐに伸びる参道の両脇に開けた平地は一面がコケ。地面も石垣も樹の幹もコケで覆われ、さらに苔生した地面からスラリと伸びた常緑樹の枝が参道に緑のトンネルをつくる。空間の、ありとあらゆるものが織りなす緑色の世界。そこに紅葉が音もなく、しきりに舞い落ちていく光景は見惚れる美しさだ。

空間全体、またそこに生えているさまざまな種類のコケ

上／那谷寺の参道。両脇をコケに囲まれた景観がどこまでも続く
下／那谷寺の門前。地面にもはみ出すほどコケが生えていた

をためつすがめつ眺めながら、ゆっくり、ゆっくり、ゆっくり、参道を進んでいく。しかしこの参道、いくらゆっくり歩いているからとはいえ、先が見えないほど長い。この緑の世界に包まれて、私はいったいどこへ向かっているのだろうとなんだか不安な気持ちにさえなってくる。

そもそも那谷寺は奈良時代に開かれ、一三〇〇年という長い歴史を誇る寺である。「自然こそ神仏」とする白山《はくさん》信仰の教えを大切に守り伝え続けてきた場所であり、古来より魂が輪廻転生する聖地とされてきた。

そういえば、この世のものとは思えないほどに美しい緑の空間、そしていったいどこに続いているのかよくわからないこの参道、もしかしたら私はこうしてコケを見て歩きながら、じつは知らず知らずのうちに極楽浄土に向かっているのかもしれない。いまこうして私と同じようにコケに魅了されながら参道を進んでいる他の参拝者たちは、いわばこれから一緒に極楽浄土へ赴く同士たち。風の音、水のせせらぎ、どこかで鳴いている鳥のさえずりも、なんだかありがたい説法のように思えてきた。そして、進めば進むほど、己の煩悩も取り払われていくような……。

夢うつつで歩いているうちに、いつのまにか参道を抜けていた。そこには極楽浄土はなく、現れたのは驚くほど大きな岩山なのであった。しかも岩壁のところどころには自然のものとも人工のものとも区別がつかない洞が開いていて、なんとも奇妙な形をしている。

もらったパンフレットを読むと、「奇岩遊仙境《きがんゆうせんきょう》」と呼ばれる那谷寺のシンボルとのこと。よく見ると岩山には階段があり、洞のところどころには石仏が安置されている。さらにパンフレットには「奇岩霊石に窟《いわや》が開口する様は観音《かんのん》浄土浮陀落山《じょうどふだらくせん》を思わせ――（略）」と解説されているではないか！　すると先ほどの参道でのできごと、ひょっとすると単なる私の妄想ではないのかもしれない……。

ちなみに江戸時代にこの寺を訪れた松尾芭蕉は、『奥の細道』でこの奇岩遊仙境を前に、「石山の石より白し秋の風」という句を詠んでいる。さらにパンフレットによれば、この独特の自然景観は国の名勝指定園に定められているとのこと。そういえば、旅行エッセイストで奇岩マニアの宮田珠己《たまき》さんの著書『そこらじゅうにて　日本どこでも紀行』でも、この岩山を訪れた時の感動が綴られていた。普段からコケばかり見ているため知らなかったが、おそらくこの場所は、奇岩マニアの間では名の知れた場所なのにちがいない。

ほかにも、奇岩遊仙境の壁面に寄り添うように建てられ

上／奇岩遊仙境。海底噴火の跡であると伝えられ、長いあいだ風と波にさらされてこのような形になったという　右下／岩の中腹には五穀豊穣と豊かな自然の恵みを祈願した稲荷社が祀られる

上／境内は広く、山の斜面に点々と建造物が建つ　右下／境内の美観を守る隠れキャラ「護美（ごみ）小僧」
左下／なでると茎頂部がはずれて繁殖するヤマトフデゴケ。もしかしたら護美小僧のほうきで増えているかも

た大悲閣《だいひかく》、境内に点在する鐘楼、護摩《ごま》堂、三重塔などは、この寺が一度、中世の戦乱でことごとく消失してしまったあと、江戸時代初期に加賀藩主・前田利常《としつね》が再建したもので、いずれも国の重要文化財に指定された建造物群だ。また山門横にあり、特別拝観エリアに入っている書院も国の重要文化財、さらに書院の目の前にある庭は奇岩遊仙境と同じく名勝指定園とのこと。なんだかあまりの〝指定〟の多さに面食らってしまうが、こうなってくるともはやここは史跡マニアも必見の場所。つまり那谷寺は奇岩マニア、史跡マニアにとっても魅惑のスポットなのである。

そうは言っても、私にとってはやっぱり何を差し置いても主役はコケ。広い境内にどんなコケが生えているのかチェックしたり、苔庭で落ち葉を集めていた庭師さんと話をしたりしながら、二時間ほど境内を堪能した。そのあとまた、小松駅からサンダーバードに乗って帰路に着いた。

そういえば、せっかくの北陸旅行だったのに秋の味覚を味わうことなく帰ってきてしまったのがいまも心残りだ。

山の秋の味覚といえばキノコ。面白いことに、この加賀地方をはじめ北陸の一部地域では昔からキノコのことを「コケ」と呼ぶ。※「コケ鍋」、次は食べなくちゃな。

※ちなみに小松市も含む加賀地方ではキノコのみならずコケにも方言があり、苔協のAさんいわく、A家では代々コケを「モク」と呼んでいる。ほかに「モウ」と呼ぶ家もあるのだそうだ。

1689（元禄2）年に参詣した松尾芭蕉の句碑

TRIP DATA

那谷寺

石川県小松市那谷町ユ122
☎0761-65-2111
開 9時15分～16時
休 なし
料 600円（特別拝観は別途200円）
交 JR「小松駅」からバスで約45分

手作業で苔庭の手入れをする庭師さん。この毎日の地道な作業のおかげで苔庭の美しい景観は保たれている

Koke in gardens 5

全国から持ち寄られたコケでつくられた

箱根美術館の苔庭

「箱根にすばらしい苔庭がある」と教えてもらったのは、コケに興味を持つようになって二、三年目、岡山コケの会（コケの愛好会）主催のコケ観察会でのことだった。

参加者たちは皆、観察中はじっとうずくまったり、壁や木にはりついたりしてほとんどしゃべらないのに、休憩時間になったとたん、これまでため込んでいたものがあふれ出たかのようにコケの話に興じ出す。箱根の苔庭の話になったのもそんな時だ。

「箱根美術館というところの苔庭らしいよ」

「たしか普通の苔庭と違って、生えているコケの種数がかなり多いんですよね」

「それなら、ここの苔庭について書かれた本もありますよ。コケ研究者の高木先生が書かれた本で、タイトルはたしか『コケの世界』※だったかな」

流れるように会話が進み、そばで聞いているだけで楽しい。思わず「行きたいな」と漏らすと、「それなら絶対午前中がいいよ」とまた別の誰かの声。「どうして」と聞くと、さらに別の誰かが待ってましたとばかりに、

「乾燥していたコケも夜明け前に朝露でほどよく湿れば葉が開き、太陽が昇った時に光合成を再開できる。その姿が一日の中でもひときわ美しいんですよ」

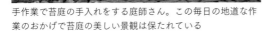

と理由を教えてくれた。

コケが好きな人の多くは身の回りによほどの同類がいない限り、普段は自分がコケ好きだということを秘めている。なぜならコケに興味がない人にコケの話をしてもほとんど会話が展開せず、気まずい空気を味わうことになるからだ。なので彼らはコケの話題を普段できないぶん、こういった観察会に集まると途端に饒舌になるのである。

家に帰ってさっそく箱根美術館への行き方を調べた。当時住んでいた東京の世田谷区からは、どうも片道二時間以上かかるらしい。なかなかの遠さに一瞬ひるんだが、やはり行くとなったらコケのコンディションが抜群の時がいい。できれば人が少ない平日ならなおいい。私はスケジュール帳で近々の予定を確認した。

七月の平日のある朝、ついに私は七時前の電車に飛び乗った。一〇時前には箱根登山ケーブルカー・公園上《こうえんかみ》駅に降り立ち、そこから坂道を少し上ると箱根美術館があった。

入館料を払い、いざ中へ。視線の先には、私がこれまで日本庭園や寺社で見てきたいかなる苔庭とも違うタイプの、でもどこか親しみを感じさせるたたずまいの苔庭が、やわらかな朝の光を浴びて錦の絨毯のように輝いていた。

箱根美術館のオープンは一九五二（昭和二七）年の六月一五日。陶磁器をメインに展示する美術館として、宗教家、美術品収集家など複数の肩書きを持つ岡田茂吉《もきち》氏（一八八二〜一九五五年）が造営した。

この美術館の敷地に苔庭も造ろうということになったのは、前年に岡田氏が京都の西芳寺を訪ね、感銘を受けたことに始まる。一九五二年三月、岡田氏は世界救世教（岡田氏が教祖となる宗教団体）の集会で、苔庭の構想を信徒らに明かし、西芳寺をしのぐ多種類のコケを植えて〝コケの種類の多さでは日本一〟となる庭を造りたいと表明。氏の構想に基づき、まずは苔庭の手前に渓流が流れる石組を造る。そして渓流の下手に太鼓橋をかけ、橋を渡った先の地面の随所に約二〇〇本のカエデを植えた。

そして、いよいよコケを植えるという段になった同年五月、岡田氏はユニークなアイデアを思いつく。なんと、全国各地の信徒たちの持ち寄ったコケで苔庭を造るというのだ。五〜六月にかけて全国から山のようにコケが寄せられ、植木職人がそのつど集まったコケを選別、急ピッチでコケの植え込みが進められ、なんと一か月で苔庭が完成した。この際、植えられたコケは約一二〇種に及んだという。

六月一五日の美術館オープン時には、小説家の川端康成

美術館に入ると最初に現れる渓流の石組。訪問時の7月は苔生す岩のあちこちにヤマユリが咲き誇っていた

や吉屋《よしや》信子、建築家の吉田五十八《いそや》などが招かれ、この苔庭に感嘆の声を上げたという記録が残る。同年七月一日からは信徒か否かに関係なく一般公開され、今日まで多くの来場者の目を楽しませてくれている。

それにしてもこの苔庭は一見するとシンプルながら、じつによく計算されて造られているなぁと感じる。美術館の受付を入ってすぐのところにある渓流は、水辺や岩が苔生し、コケを土台に多種類の植物が茂っていて、まるで森のような雰囲気を醸し出している。しかし、渓流の下手にある太鼓橋を渡ると、今度はバランスよくカエデが配置された見渡しのよいコケの絨毯が一面に広がっていて、なんだか手入れの行き届いた邸宅の庭に迷い込んだかのようだ。そして上品な石畳の小道を進めば、突き当たりに茶室が見えてくる。この茶室の存在は「一服しながらどうぞゆっくりと苔庭を愛で、楽しんでいってください」という亭主の心遣いをあらわしているかのようで、こちらはまるで茶席に招かれた客のように、襟を正し、この苔庭への想いをいっそう深めることとなる。

また、庭の四方は建造物や樹木で囲まれており、湿度が一定に保たれやすくなっている。樹木の種類もカエデを中

右ページ／苔庭にめぐらされた石畳の道。苔庭の周囲には美術館本館のほか、芝生を配した和風庭園や竹庭などもある
右／茶室では抹茶を頂きながら苔庭を一望できる　左／庭の一角に丘状に盛り上がったホソバミズゴケの群落。そばの階段を上ると茶室がある。ホソバミズゴケは亜高山性。苔庭に根づくのは稀

心とした落葉高木が密にならない程度に植え込まれていて、コケにほどよい日差しと日陰を与えてくれる。さらに箱根山の傾斜をいかし、庭全体が緩やかに起伏した斜面になっているため排水も良い。地面、渓流、岩、樹木などで構成されていることで、生育基物や生育高度が異なる多種のコケが生育しやすい。このように環境面でも、この庭にはコケへの万全の配慮がある。

ちなみに、持ち寄られたコケは数年後、箱根の気候風土に合わなかった半数ほどの種類が枯れてしまったそうだ。しかしその後、コケの研究者らによる複数回の調査が行われ、一九九〇年代の調査結果では当初を上回る一三〇種類ものコケが確認されている。

さて、苔庭へ入った私は、朝露を得て青々と輝くコケたちをルーペで観察したり、図鑑で調べてみたり、カメラで撮ったりと、心のままに堪能していた。コケの種類は私がこれまで家の周りから遠方の山に至るまで、各地で出会ってきたものが多かった。この庭に入った瞬間に不思議と親しみを感じたのはこのせいだったのかもしれない。

苔庭では数人の庭師がコケの手入れをしている以外は誰もおらず、どうやら来館者はまだ私だけのようだ。それで

ついつい、いっそう地面に顔を近づけてコケを観察していると、同年代くらいの女性の庭師に声をかけられた。

「何をされているんですか？」

しまった、と思った。先にも述べた通り、コケ好きの〝コケな会話〟はとにかく話が広がらない。

「いや、あの……コケが好きで。ちょっと観察？……しているんです」

ばつの悪い思いで返事をすると、

「まぁ！　そんなうずくまってまで、コケを見てくれてるなんて！　うれしいなぁ。コケも喜んでますよ。ゆっくり見てあげてくださいね。いやー、うれしいなぁ」

と予想外の答え。これまでうずくまる姿の見た目の怪しさから怪訝な顔をされたり、体調が悪いのかと心配されたことは何度もあったが、こんなに喜ばれたことは初めてだ。こみ上げる気持ちを抑えながら、つとめて冷静に礼を言い、私は再びルーペを握りなおして、またコケの世界へと戻った。次の来館者が来るまでのしばらくのあいだ、苔庭にはうずくまるコケ観察者と庭師らが、めいめいにコケと向き合う静かな時間が流れた。

※正式な書名は『コケの世界 箱根美術館の苔庭』（一九九六年、発行元：㈶エム・オー・エー美術・文化財団、発売元：東宝書林）。コケ研究者の高木典雄氏をはじめ、生出智哉氏、吉田文雄氏らが監修・執筆。箱根美術館の苔庭の造営経緯や苔庭の生育調査、コケの生態の基本などをまとめた書籍。すでに絶版なので、古書店などで見つけたらラッキー。

TRIP DATA

箱根美術館

神奈川県足柄下郡箱根町強羅1300
☎0460-82-2623
開4月～11月　9時30分～16時30分
12月～3月　9時30分～16時
※最終入館は閉館30分前
※茶室「真和亭」10時～15時30分
休木曜日（祝日の場合は開館）、年末年始
料900円
交箱根登山鉄道「強羅駅」から箱根登山ケーブルカーに乗り換え、「公園上駅」下車すぐ／東京から車で約2時間、静岡から車で約1時間30分

箱根美術館で見た
コケ

庭の主要種ではないけれど、
この場所のコケの多様性が伝わってくる
コケたちを紹介します。

オオホウキゴケ
ルーペで見ると幾何学的な葉の
並びが特徴の、小型のコケ

エビゴケ
苔庭に隣接する庭園の石垣にて。
岩場の垂直面に群生します

コケではありませんが……

ヒナノヒガサ
コケの間から出てくるキノコ。
苔庭でしばしば見られます

ケチョウチンゴケの若葉
葉は透明感がありみずみずしい。
水路近くの岩場にて

ハマキゴケ
超普通種ですが、石畳に生え
る姿は主役級の美しさでした

Koke in gardens 6

愛息への想いが詰まった伊達家ゆかりの苔寺

松島の円通院

「日本三景」の一つとして、宮城県を代表する景勝地である松島。太平洋に面する松島湾に二六〇余りのさまざまな形の小島が浮かぶさまは絶景で、江戸時代の俳人・松尾芭蕉の『奥の細道』に登場することでもよく知られている。

一方で、ここは古くから霊場として人々の崇敬を集めた場所でもあった。古来より人々はこの土地の奇観を極楽浄土に見立て、各地から多くの参拝者が訪れたそうだ。戦国大名で仙台藩の初代藩主・伊達政宗も、戦乱で亡くなった家臣や領民の弔いのため、また領民たちの精神的よりどころとして、平安時代からこの地にあった瑞巌寺《ずいがんじ》（開創時の名は延福寺《えんぷくじ》）の復興に力を注ぎ、さらにはこの寺を自身の菩提寺に定めた。政宗の没後も伊達家の厚い庇護を受けた寺は繁栄し、明治時代に仙台藩が廃されるまで、周辺には数えきれないほどの末寺が建立された。瑞巌寺のすぐ隣に位置する円通院《えんつういん》もその一つだ。

私がJR松島海岸駅に降り立ったのは八月の暑い盛りのことだ。ちょうどお盆が近いこともあって、松島はどこもかしこも人が多く、とくに瑞巌寺の前は参拝者で大賑わいだ。さすが伊達政宗の菩提寺、不動の人気がある。しかし私はその様子を横目で見ながら素通りし、隣の円通院へ。政宗には悪いが、コケ好きはコケの豊かなところにまずは参りたいのだ。しかも円通院は「東北の苔寺」の異名まで持つ寺。これはもう何を差し置いても、いの一番に参らねばなるまい。幸いにも瑞巌寺に比べてこちらは人はそこそこ、落ち着いて境内を回れそうな雰囲気でホッとする。

円通院は伊達光宗《みつむね》の菩提寺である。光宗は伊達政宗の嫡孫だが、一六四五年に十九歳の若さで早逝してしまった。その二年後、光宗の父・伊達忠宗《ただむね》（政宗の次男、仙台藩二代目藩主）がここに光宗の霊廟を建てたのが寺の始まりである。

こぢんまりとした山門からは想像できないほど、境内は意外にも広い。山門をくぐり参道を進むと一番奥まった場

苔庭の中はまるで緑のドームのようだ

所にあるのが三慧殿《さんけいでん》、光宗の霊廟だ。建物の外観は周囲の緑と調和して趣があるが、飾り気はなく質素。しかし近寄って内部をよく見てみると、対照的な極彩色の厨子が安置されているので驚いた。厨子は全体が金色で、開かれた扉の片側には江戸時代には珍しかったであろう洋バラの花が描かれている。これは伊達政宗の命で、通商交渉のために一六一三〜一六二〇年にかけてヨーロッパへ渡った支倉常長《はせくらつねなが》が持ち帰った日本最古の洋バラを描いたものだという。そしてその厨子の中央には、凛々しい表情で馬にまたがった色白の光宗の像が祀られているのが見えた。

若くして亡くなった光宗は、幼少のころより文武に優れ、〝政宗の再来〟と期待されていた世継ぎ（次男だったが兄は幼少期に他界）だったそうだ。その愛息が亡くなった時の父母の悲しみはいかばかりだったか。このきらびやかな厨子は当時の伊達藩の技術の粋の結晶ともいわれており、愛息を華々しく祀ってあの世へ送り出してやりたいという忠宗の親心のあらわれなのかもしれない。現在、三慧殿は国指定重要文化財に指定されている。

忠宗が光宗を悼む気持ちはこの霊廟だけにとどまらない。境内の中ほどには大悲亭《だいひてい》※と名づけられた茅葺き屋根の大きな本堂があるのだが、これは納涼のための館だった光宗の江戸の住居を解体し、海路で運んで移築したものだという。息子は帰ってこないがせめてもその住まいは故郷へ戻してやりたいという思いからなのか、はたまた息子の忘れ形見として手元に置いておきたいと思ったからなのか、いずれにしても解体移築はその当時としては相当の人力と財力をつぎ込んだ大仕事だったにちがいない。ここにもやはり愛息を失った忠宗の喪失感の深さを感じる。コケを愛でることが目的の参拝であったはずなのに、気づけばすっかり忠宗にほだされていた。

さて、後回しになってしまったコケであるが、境内にはこうしたいわれある建物がある一方で、苔庭もまた「東北の苔寺」の名に違わず、すばらしかった。山門をくぐるとまず現れる石庭は「雲外天地《うんがいてんち》の庭」と呼ばれ、松島湾に実際に浮かぶ七福神の島々になぞらえた庭なのだという。湾の周囲の山々を表現しているという築山にはコケが茂り、良い脇役ぶりを発揮していた。

石庭の横の参道を順路に沿って進むと、次第に足元が苔生してきた。コツボゴケ、ハイゴケ、エダツヤゴケ、ウマスギゴケなど苔庭でおなじみのメンツのほかに、苔庭には珍しいフロウソウも旺盛に茂っている。地上にはこうした

右／コケの中でもとくに大きなフロウソウ。通常は山地の腐植土に生えるが、ここでは他のコケに負けない勢いで繁茂していた　左／石庭「雲外天地の庭」。白砂が松島湾、石が島々、コケが周囲の山々をあらわす

三慧殿。伊達家秘蔵の霊廟で、昭和の終わりごろまで非公開だった。現在は国指定の重要文化財

右／厨子には光宗像が祀られる。厨子の扉にはバラのほかにスイセンも描かれている　左／境内には厨子のバラの絵にちなんだバラ園もある

提供：円通院

コケたちが比較的平らかに広がっており、見上げれば頭上にはカエデやスギの枝葉が幾重にも重なり合って緑の天井をつくっている。とくに参道の真上はカエデの枝がやわらかな曲線を描いて空を覆い、まるで緑のドームの中にいるようだ。いまが真夏であることさえ忘れてしまいそうなくらい気持ちがいい。時折、カエデの隙間から点々とコケの上に落ちる木漏れ日だけが、妙に明るく、夏の存在を思い出させた。

苔庭の中でも、なんといっても私が気に入ったのは、石庭の隅に位置する東屋の円窓《えんそう》からの眺めだ。この東屋は、ちょうどいましがた歩いてきた緑のドームのほぼ全景が見えるところに位置している。円窓からの眺めはカメラのフレームをのぞくようで、まるで自分のためだけに用意された絵を見ているようだ。とても贅沢な気持ちになる。ここから四季折々の風景を切り取って眺めるのもさぞ楽しいだろう。また季節を変えて訪れたいと思った。

そういえば「苔」という言葉は、単独で、もしくは他の言葉と組み合わさって、死後の世界、悠久、永遠、静寂などを意味するものとして、しばしば和歌の世界に登場する。たとえば、国歌『君が代』の「さざれ石の巌《いわお》となりて　苔

とくに気に入った東屋の円窓からの眺め

の生すまで」という歌詞は、『古今和歌集』の和歌から取られたものだが、ここではコケは悠久の時間をあらわすものとして用いられている（諸説あり）。普段はほとんど意識していないが、現代に生きる私たちも無意識のうちに、コケに過ぎゆく時の流れや人生の終焉のイメージを重ねて見ているところがあるのではないだろうか。

忠宗がこの円通院を建立した一七世紀半ばに、どれだけこの地が苔生していたか知る由もない。しかし、四〇〇年近くたったいまではこれだけのコケが地面を覆い、他の草木とともに美しい空間をつくりあげ、訪れる人々に穏やかな時間を与えている。完成までには人の一生では足りない長い時間がかかるが、時とともにゆっくりと地面に生え広がるコケ植物だからこそ、つくりあげられる風景がある。もしいま、忠宗がこの庭を見たら、どう思うだろう。息子が眠る場所に、つつましくもこんなに生命力あふれた鮮やかな緑が広がっていたら。

「数百年たったいまも、ここは美しい場所ですよ」

忠宗とは生きた時代も、置かれている立場も、何もかも違うが、コケを好む者として、また同じく息子を持つ者として、心の中で忠宗にそっと声をかけた。

※「大悲」とは他者の苦しみを救いたいと願う、慈悲の心を指す仏教用語。愛息を失った「大きな悲しみ」という、ストレートな名称かと思いきや、そうではないらしい。

上／三慧殿のそばには洞窟群と、コケとスギが美しい自然庭園がある　下／松島湾。円通院から徒歩5分内の近さ

TRIP DATA

円通院

宮城県宮城郡松島町松島町内67
☎022-354-3206
開 9時～16時
（季節によって変動あり）
休 なし
料 300円
交 JR「松島海岸駅」より徒歩約5分／三陸道松島海岸ICより車で約5分

Column
海外コケめぐり

ドイツ
Germany

裏山の斜面もじつは
ブドウ畑

Cさん。ご自宅の裏山の
コケを紹介してもらった

ある年、従姉妹が住むドイツを訪ねた際、「友人の夫がガーデナーで、コケが好きな人だから会ってみない?」と誘われた。海外でコケ好きに会える確率なんて万に一つ! 喜んでそのご夫婦が住むドイツ西部のアール地方へ向かった。

アール地方は赤ワインの産地で、ライン川と合流するアール川沿いの谷の急斜面を利用してブドウが栽培されている。紹介されたCさんのお宅は、その谷底にあった。地形的に湿度がたまりやすいこともあるのだろう、周囲に生えるコケの種類をよく観察して造ったというCさん自作の小さな苔庭は、コケやシダがいきいきと輝き、ドイツ家屋にも不思議なくらいなじんでいた。

ところで、ドイツ人のコケへの関心度について尋ねてみると、興味を持ってコケを見る人はまだ少ないとのこと。とはいえ「コケが嫌いというドイツ人は少ないですよ。国民の八割以上はコケがきれいだと思ってるんじゃないかな」という意外な答え。日本とドイツは国民性が似ていると言われるが、また新たな共通点を見つけた気がした。

chapter 4

山と渓谷

koke in nature

コケが主役の絶景から
ルーペでのぞき込む
ミクロの世界まで。
多様で美しい日本の
自然を感じる旅へ。

標高別に見る 山のコケ

"山のコケ"と
ひとくちに言っても、
標高の違いによって
見られるコケは変わります。
ここでは低山帯・山地帯、
亜高山帯、高山帯それぞれで
出会えるコケの代表種を
紹介します。

※標高区分は本州中部を基準。本州中部の森林限界は標高約二五〇〇メートル以上だが、北に行くほど下がる。

切り株や朽木はコケの宝石箱。多種のコケが見られますよ

低山帯（標高500m 以下）・山地帯（標高500～1500m）

タマゴケ（蘚類）

Bartramia pomiformis

半球状の群落をつくり、春に成熟する蒴も目玉のような球状。山深いところではなく、山道脇など明るい斜面を好みます。コケ愛好者たちに不動の人気。

ホウオウゴケ属の一種（蘚類）

Fissidens sp.

全形が鳳凰の尾羽を思わせることが和名の由来。日陰がちな場所に生えます。本属は日本産だけで40種を超え、似た形のものが大小さまざまあります。

オオカサゴケ（蘚類）

Rhodobryum giganteum

落ち葉が積もった腐植土の上でよく見られます。大型で、雨が降ると傘のように葉を開く姿は優美そのもの。一方、乾燥すると葉が著しく縮れます。

ケチョウチンゴケ（蘚類）

Rhizomnium tuomikoskii

褐色の仮根が葉の上まで広がり、その先端に糸状の無性芽をつけて周囲に飛ばすというユニークなコケ。沢付近の湿った岩上や朽ち木上に群落をつくります。

ムクムクゴケ属の一種（苔類）

Trichocolea sp.

細かく長毛状に裂けた葉が枝に密につくため、動物の毛のようにムクムクして見えるコケ。最近の研究で日本産は5種類あることがわかっています。

カビゴケ（苔類）

Leptolejeunea elliptica

常緑樹やシダなどの葉面に着生し、一生を過ごす小型のコケ。カビに似た鼻をつくにおいがあり、慣れてくるとにおいだけでこのコケの存在に気づけます。

ヒメトサカゴケ（苔類）

Chiloscyphus minor

小型で最初は見つけるのに苦労しますが、低地から山地の朽ち木、岩上、土の上など、じつはどこにでも生えています。葉の縁に粉状の無性芽をつけます。

ジャゴケ属の一種（苔類）

Conocephalum sp.

低地から山地まで、日陰の湿った場所に生えます。表面にヘビの鱗状の模様があるのが最大の特徴。最近の研究で日本産は4種あることがわかっています。

ヒノキゴケ（蘚類）

Pyrrhobryum dozyanum

苔庭によく使われるコケですが、野生のものは湿度の高い山地の谷沿いで見られます。蘚類の中でも指折りのもふもふ度。蒴は秋〜冬にかけて成熟します。

ホソバオキナゴケ（蘚類）

Leucobryum juniperoideum

苔庭や盆栽で主役級に扱われるコケで、野生のものは圧倒的にスギの根元に生育。ルーペで見ると葉が白緑色で、多肉植物に似た雰囲気があります。

高山帯
（標高2500m 以上）

クロゴケ（蘚類）

Andreaea rupestris var. *fauriei*

乾燥した日当たりの良い岩上に黒褐色の丸い群落をつくります。蒴に蓋がなく、縦に入った裂け目から胞子をまくという他の蘚類にはない特徴があります。

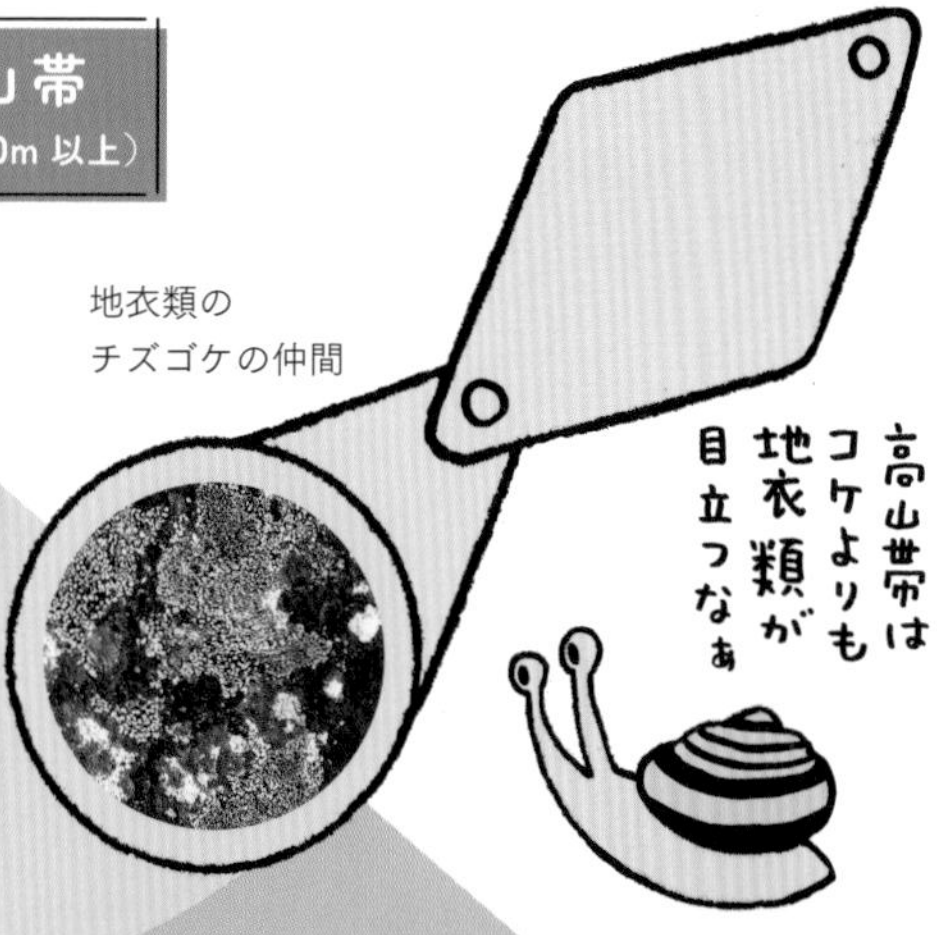
地衣類の
チズゴケの仲間
高山帯は
コケよりも
地衣類が
目立つなぁ

撮影：堀内雄介

亜高山帯
（標高1500～2500m）

イボカタウロコゴケ（苔類）

Mylia verrucosa

明るい黄緑色で幾何学的な葉の並びが美しいコケ。倒木などに群落を広げます。花被（苔類の胞子体を保護する器官）のイボ状の突起が和名の由来です。

タカネカモジゴケ（蘚類）

Dicranum viride var. *hakkodense*

亜高山帯の樹幹に生えるコケの代表種で群落は濃い緑色。針のように細長い葉は硬くてもろく、近くで見ると多くの葉の先端が折れているのがわかります。

ダチョウゴケ（蘚類）

Ptilium crista-castrensis

全形がきれいな三角形になる大型のコケ。見た目がダチョウの羽に似ていることが和名の由来です。ほかに似た姿のコケはないので見分けやすいです。

テガタゴケ（苔類）

Ptilidium pulcherrimum

樹幹や倒木にぺったりとはりついて群落を広げます。一見地味ですが、葉は細かく切れ込みが入って長毛状となり、ムクムクゴケに近い雰囲気があります。

撮影：島立正広

ユリミゴケ（蘚類）

Tetraplodon angustatus

動物の糞や死骸の上に生える大変珍しいコケ。胞子が成熟すると糞のようなにおいを出してハエをおびき寄せ、ハエのからだに胞子を付着させて散布します。

シモフリゴケ（蘚類）

Racomitrium lanuginosum

亜高山帯〜高山帯の日当たりの良い土の上や岩上で見られます。乾燥時には長くて透明な葉先が植物体の表面に絡みつき、強い日差しから身を守ります。

セイタカスギゴケ（蘚類）

Pogonatum japonicum

日本産のスギゴケの仲間では最大サイズ。茎の高さは20cm以上になることもあります。イワダレゴケと並んで針葉樹林の林床では主役となっているコケ。

イワダレゴケ（蘚類）

Hylocomium splendens

大型で羽のように枝葉を広げて重なり合い、大きな群落をつくります。形も色も特徴的で亜高山帯の針葉樹林の林床で最も存在感のあるコケの一つです。

撮影：堀内雄介

ホソバミズゴケ（蘚類）

Sphagnum girgensohnii

茎の高さが10cmほどにもなる大型のコケ。ミズゴケ類は亜高山帯の湿原や湿地を好みますが、本種は林床や林縁の腐植土を好む森林性です。

撮影：堀内雄介

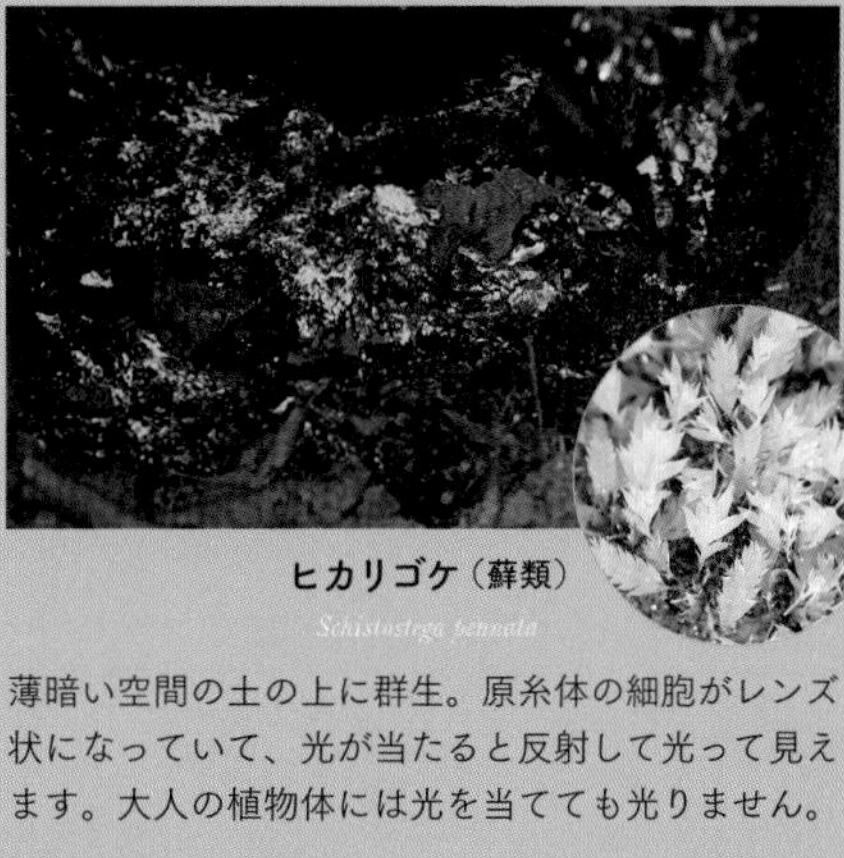

ヒカリゴケ（蘚類）

Schistostega pennata

薄暗い空間の土の上に群生。原糸体の細胞がレンズ状になっていて、光が当たると反射して光って見えます。大人の植物体には光を当てても光りません。

Koke in nature 1

私のホームマウンテン

六甲山

上／夏の神戸布引ロープウェイからの眺め。六甲山は山麓に200万人以上が生活する都会の山だ　左ページ／花崗岩に群生した、蒴の形状がイノシシに似るイクビゴケ（猪首苔）。六甲山では登山者が時々イノシシと遭遇するが、筆者が山中で圧倒的によく出会うのはこの小さなイノシシたちだ

神戸のランドマークとして知られる六甲山《ろっこうさん》は、兵庫県南東部・阪神間の街（神戸市、芦屋市、西宮市、宝塚市など）のすぐ北側に横たわる、東西約三〇キロメートルの山塊だ。バス、ケーブルカー、ロープウェイなどで中腹まで上がれるうえ、山中には牧場、植物園、ホテル、ゴルフ場、スキー場など観光・レジャー施設が充実。ＪＲや私鉄の駅を起終点に登れる便利な登山コースも数えきれないほどあり、昔から幅広い世代に支持され続けている人気の山だ。

とはいえ神戸で育った私は、わりと最近まで本格的に六甲山に登ったことがなかった。それはおそらく、私が幼少期に七年ほど暮らした家が六甲山系の山中にあったからなのだと思う。毎日、自宅と幼稚園・小学校の往復に山を上り下りするのは当たり前。都市部では目にしない野趣あふれる草花や虫も、朝晩の急な冷え込みも、神戸の代名詞にもなっているきらめく街の夜景も、山ならではのあれやこれやが私にはすべて〝日常〟だった。だから神戸の街中に引っ越したあとも「近所の山なんだし、わざわざ登らなくても」というような具合で、自分から六甲山へ出かけることはなかった。この山の魅力にようやく気づいたのは三十代半ば。コケの愛好会・岡山コケの会関西支部主催のコケ観察会で訪れたのがきっかけだ。

六甲山はその大部分が花崗岩でできている。花崗岩は地下深くでマグマがゆっくり冷えて固まった岩石で、本来はかなり硬い。しかし、六甲山の花崗岩は約一〇〇万年前に起きた「六甲変動」※と呼ばれる地殻変動によって強い圧力がかかった結果もろくなり、さらに長い年月の風化でなおいっそう硬さを失って、粗い砂粒状となっているのが特徴だ。ちなみに石材として利用される御影石《みかげいし》は未風化の花崗岩である。

だから山の外観だけ見ると緑豊かだが、山中に入ると赤茶けた大小の花崗岩がたくさん転がっていて、ところどころは荒々しい岩山となっている場所もある。また、土もさらっとした砂質・礫質土状の場所が多い。このような地質から、六甲山は昔から山崩れやがけ崩れが起きやすく、現在のように砂防設備が整う以前は、隣接する市街地を巻き込む土砂災害が何度も起きていたそうだ。

そのような歴史もあり、六甲山にはコケが林床一面を覆いつくしているような、安定した環境がつくり出す〝コケの楽園〟はない。しかし逆にとらえれば、土砂崩れなどのあとに生まれる新しい裸地や転石に誰よりも先に進出する〝森のパイオニア〟的なコケがたくさんいて、そのような類のコケたちの生態を知るにはうってつけの山と言える。

山田道の斜面に生えるハミズゴケ。このコケは裸地が現れて消失するまでの短い時間に繁殖まですませるため、茎や葉をほぼつくらず胞子体の形成にエネルギーを注ぐ

たとえば私のおすすめ観察場所は、神戸の街の中心地・三宮《さんのみや》から神戸市営地下鉄に乗って約一〇分の谷上《たにがみ》駅そばからスタートする山田道コース。肉眼でも見つけやすいサイズの蘚類が山道の明るい場所で見られるのをはじめ、途中の沢では水辺のコケも楽しめる。なお、普通は山田道を一時間ほど登ると、おしゃれなカフェを併設した弓削《ゆげ》牧場や、森林をテーマとした日本唯一の植物園・神戸市立森林植物園に着くのだが、コケを見ながらの場合、私がこれまでたどり着けたことは、残念ながら一度しかない。

もう一つのおすすめは、阪急電鉄・芦屋川駅前のバス停からバスで山の中腹まで上り、芦屋の高級住宅地を通り抜けて、六甲山塊の一つであるゴロゴロ岳(標高約五六五メートル)へ向かうハイキングコースだ。沢沿いの湿度の高いエリアではスギバゴケ、チョウチンゴケの仲間、イクビゴケなどがみずみずしい姿で見られるほか、尾根沿いでは乾燥に強いチヂミバコブゴケやフデゴケが見られたり、さらに注意深く歩くと他の六甲山塊では見かけることのない、ちょっと珍しい種類のコケも見ることができる。

コケというきっかけがなかったら、おそらくいまだに登っていないかったであろう六甲山。街にはない静けさを楽

左／コケを観察中の関西支部のメンバー。コケ観察は一度立ち止まったらなかなか動かないためゴールまでが遠い……　右下／チャボホラゴケモドキ（おそらく）。土砂崩れのあとのような裸地に最初に生えるパイオニア的コケ。普通種ながらサイズが小さいので、群落が大きくないと見つけづらい　左下／ツリバリゴケモドキ。帽にかわいらしい白い毛がつくのが特徴。いまのところ六甲山のとある登山コースだけでしか出会えない、筆者にとっては貴重なコケ

しみに時々一人でふらりと登ったり、子どもでも歩きやすいルートを選んで家族と賑やかに登ったりと、心安らぐ憩いの山として、いまではすっかり私の〝ホームマウンテン〟となっている。山が近しくなるとこんなに豊かな心持ちになるのだなと、いまさらながら喜びを噛みしめている。

※もとは海（現在の大阪湾）に面した低い丘であった六甲山一帯に東西から強い圧力が加わったことで、一帯が上昇して山地に成長。最高峰の標高は九三一メートルとなる。一方、隆起する六甲山に対して大阪湾は深く沈降していった。

TRIP DATA

六甲山

兵庫県神戸市・芦屋市・西宮市・宝塚市周辺の山

山田道〜神戸市森林植物園

交神戸市営地下鉄・神戸電鉄「谷上駅」下車、駅近くの案内板に従ってハイキングコース「山田道」へ。そこから徒歩約1時間で神戸市立森林植物園へ

奥池〜ゴロゴロ岳

交阪急電鉄神戸線「芦屋川駅」下車、駅前のバス停から阪急バスで「奥池集会所前」下車。徒歩で奥山貯水池そばにあるハイキングコースへ。徒歩約30分でゴロゴロ岳へ

※神戸布引ロープウェイは、神戸市営地下鉄・JR山陽新幹線「新神戸駅」から徒歩約5分にある「ハーブ園山麓駅」と「神戸布引ハーブ園」を結ぶ

沢にて。スギバゴケやハットリチョウチンゴケが着生し、美しく苔生した花崗岩

コケ探しをする私を真似て、沢遊び中にルーペでコケをのぞく幼い日の長男

右／スギバゴケ
左／ハットリチョウチンゴケ

Koke in nature 2

コケ界の〝アイドル〟たちに恋をして……

赤目四十八滝

約4㎞の遊歩道の終盤に現れる荷担滝（にないだき）。「四十八」は「たくさん」を意味し、実際は48以上の滝がある

コケに興味を持つようになる前は、「趣味は何ですか？」と聞かれたら、ありきたりだが「映画鑑賞です」と答えていた。高校生くらいのころから好きで、とくに大学時代は映画館へ足しげく通い、翌日に午前中の講義がない時などはオールナイト上映を観に行ったりもしていた。年月を経て仕事や家庭を持つようになったいまはなかなかそうはいかなくなったが、もし自由な一人の時間が丸一日あったとしたら野外へコケ観察へ行くし、半日だったら迷わず映画を観に行く。それくらい、いまも映画が好きだ。

観る作品はたいていその日の気分次第。でも、なぜか洋画よりも邦画に心惹かれることの方が多い。邦画の方が文化や価値観の面でほとんどハードルを感じずに物語の世界に入り込めるからかもしれない。また、邦画の多くは撮影が国内なので、「こんな素敵な場所が日本にあるんだな。時間ができたら今度行ってみようかな」とロケ地に思いを馳せる楽しみもある。そしてごくたまにだが、コケがとりわけ美しい場所を映画に教えてもらうことだってあるのだ。

その一つが、三重県と奈良県の県境にある赤目《あかめ》四十八《しじゅうはち》滝《たき》だ。この渓谷はその昔、『赤目四十八瀧心中未遂』※という邦画のロケ地になった。社会のどこにも居場所がない主役の男女が、物語の後半に死に場所を求めてこの渓谷を訪

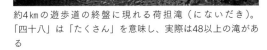

渓谷入口から約230mのところにある不動滝。明治の中ごろまでここから先は未開の地であった

れる。その際、アンニュイな表情の役者たちと交互にスクリーンに映し出されるのが神秘的な渓谷の風景だ。連なる大小さまざまな滝、時折差し込む適度な木漏れ日、切り立ったモスグリーンの岩壁、ここは間違いなくすばらしいコケスポットなのでは⁉　男女の妖艶な恋の行く末が気になりつつも、「ここには絶対にコケを見に行かねば！」とそのシーンを脳裏に焼きつけた。

以来、劇中では悲恋の舞台であったこの渓谷に恋焦がれ、東京に住んでいた時には数年に一回、関西に住むようになってからは季節に一回くらいの頻度で渓谷のコケたちに会いに行っている。通い始めてもう一〇年以上たつが、いまだいっこうにこの渓谷への恋心は冷める気配がない。

多くの苔類が胞子体を伸ばす春先、滝壺のしぶきに濡れた岩壁のコケたちが涼しげな夏、赤や黄色の落ち葉とコケの緑のコントラストが美しい秋、そして一般的に植物観察のオフシーズンである冬だって、雪の中で緑を絶やさないコケたちは生命力にあふれている。春夏秋冬、訪れたその日にしか出会えないコケたちの美しい表情をつぶさに記録しておきたくて、一眼レフにコンパクトデジカメ、さらに撮影小道具を携えて気合満々で出かける私を見て、「暑い日も寒い日も劇場に通い詰めるアイドルの追っかけみたい

左／渓谷は入口付近で標高310mほどの低山域ながら、岩肌が苔生し深山の雰囲気。遊歩道は往復3時間程度で歩けるそうだが、コケを見ながらだといつも全然時間が足りない　右下／遊歩道沿いは整備が行き届いていて、東屋やベンチで休憩もできる。トイレも2か所ある　左下／渓谷入口の日本サンショウウオセンター。赤目生まれのオオサンショウウオをはじめ、国内産のサンショウウオを展示。ここで入館料（入山料）を払ってから中に入る

だね」と夫が揶揄したが、腹が立つどころかむしろ合点がいった。そう、まさに赤目四十八滝はコケ界の〝アイドル〟たちが集う夢の渓谷なのである。

というのも、この渓谷では初心者でも種類が比較的見分けやすい大型のコケや特徴がはっきりしたコケなど、どの図鑑にもたいてい載っていて、コケ好きの間でもとりわけ人気が高い〝アイドル級〟のコケたちが数多く観察できるのだ。しかも渓流沿いに設けられた約四キロメートルの遊歩道のそばにもっともコケが多いので、観察や撮影がとてもしやすい。多種のコケが見られるのは、渓流の豊かな水のおかげで空中湿度が高いことに加え、渓谷内にいくつもの起伏があり、環境の変化に富んでいるからだろう。あらかじめ見てみたいコケの生育環境を図鑑で下調べしてから現地へ行ってみると、図鑑に書いてあるような環境が実際に見つかり、そこにちゃんとお目当てのコケが繁茂していたりする（ちなみに余談だが、「図鑑で確かめてからコケを探す」を繰り返していると、だんだんコケを見つける〝コケ目〟が鍛えられてくるのでおすすめだ）。

さて、とりわけ心惹かれる〝推し〟のコケが見つかり、名前もおおよその見当がつくようになったら、今度はその

筆者の"推し♥ゴケ"
赤目四十八滝の
四季のコケ

春

毛が密生したシーロカウレ（蒴の保護器官）がユニークなムクムクゴケ（3月初旬）

ホソバミズゼニゴケの苔の花（胞子体）とネコノメソウの仲間が一緒に咲いて春爛漫（3月下旬）

夏

雨上がりのしずくで輝きを増すヒノキゴケ（7月中旬）

一度見たら忘れないコケ、ネズミノオゴケが伸びやかに繁茂（6月下旬）

赤目四十八滝のシンボル「赤目牛」。この土地の名はその昔、不動明王が赤い目の牛に乗って現れた伝説に由来する

赤目四十八滝はオオサンショウウオの生息地としても有名。渓谷入口にある日本サンショウウオセンター前ではこのお二方がお出迎え

秋

蒴の帽についた長毛がかわいらしいツガゴケ（10月初旬）

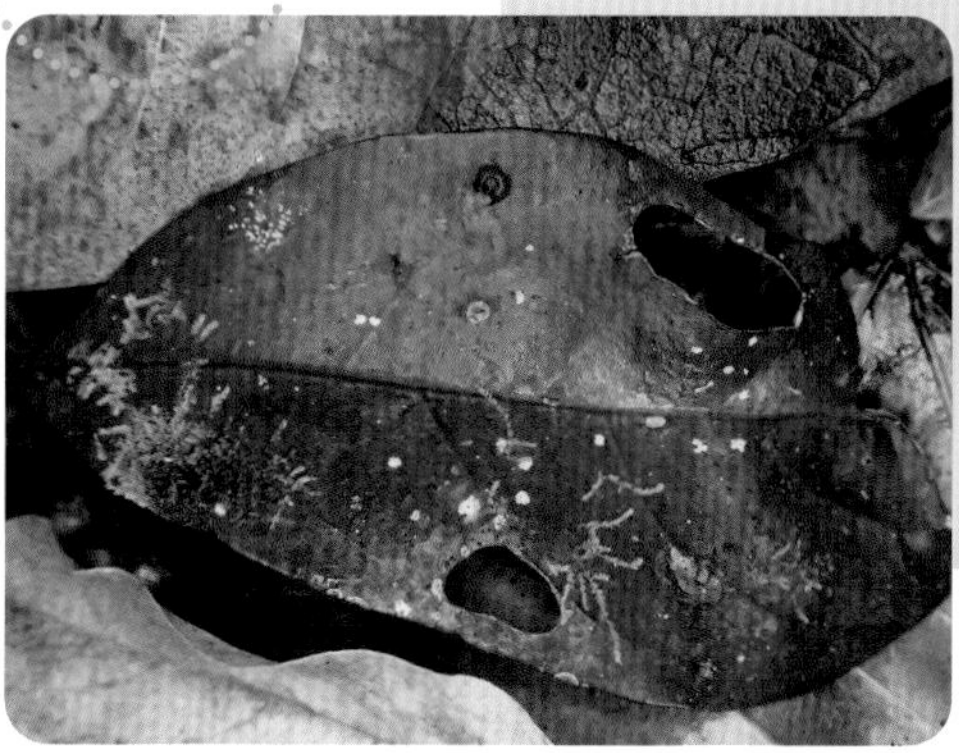

落ち葉の上のカビゴケ。葉と常に運命共同体であるコケだ（10月初旬）

冬

雪の中から姿を現したオオカサゴケ（2月中旬）

オオサナダゴケモドキ。普段は地味なコケだが胞子体を伸ばす姿が美しい（2月下旬）

子たちの成長を見守り、記録に残しておきたくなるのがファン心理というもの。ある年の春は、私の〝推し〟であるコマチゴケやムクムクゴケ、クモノスゴケなどの苔類がどれくらいの時間をかけて胞子体を伸ばすのかが知りたくて、月に何度もこの渓谷に通ったことがあった。定点観察を続けるうちに、そのコケがたまたま生えた場所、その年の天気や気温などによって差異があり、決して教科書通りの成長ではないことを知った。どのコケも置かれた環境で精いっぱい命を繋げていく姿を目の当たりにして、胸が熱くなった。

　ところで、赤目四十八滝へ行く際の公共交通機関である近鉄線は、名古屋にも大阪にも通じているので関東・関西の両方からわりと行きやすい。たまに、普段はなかなか会えない関東方面のコケ友たちを誘って現地で待ち合わせ、一緒にコケさんぽをしたりしている。ついつい各々の〝推しゴケ〟の自慢話に花が咲いてしまい、いつも以上に前に進めなくなるのが毎回のお決まりだ。

※二〇〇三年劇場公開の日本映画。原作は車谷長吉（くるまたにちょうきつ）の同名小説。主演の寺島しのぶは、本作での演技が広く認められ、第二七回日本アカデミー賞「最優秀主演女優賞」をはじめ数々の映画賞を受賞した。

3月24日
まだまだ胞子を飛ばす気配がない

4月1日
約1週間後。数ミリだけ伸長

4月11日
蒴の黒色がはっきり見えるように

4月26日。2週間後。
ようやく胞子散布！

コマチゴケが胞子散布するまでを追いかけた2016年の記録。苔類は早春に胞子を飛ばすとよく言われるが、実際は4月下旬だった。生育地域やその時の天候にもよって時期が変わり、決して一定でないことがわかる

左上／2020年にオープンした赤目自然歴史博物館。渓谷周辺はここ何年かで開発が進み、飲食店も充実。個人的にはこの場所の素朴さが好きなので、美しい環境を守る保全基地となることを期待　右上／ここは伊賀忍者の修行の地としても有名。忍者をかたどった「へこき饅頭」はおやつにぴったり。渓谷の近くで売っている　右／関東のコケ友たちとアイドルゴケを追いかけた夏

TRIP DATA

赤目四十八滝

三重県名張市赤目町長坂671-1
☎0595-41-1180（NPO法人 赤目四十八滝渓谷保勝会）
☎0595-63-3004（日本サンショウウオセンター）
開8時30分～17時（夏季）、9時～16時30分（冬季）
休12月28日～31日
料大人500円（日本サンショウウオセンターの入館料を兼ねる）
交近鉄「赤目口」駅下車、三重交通バスまたはタクシーで約10分／車の場合、周辺の有料駐車場を利用

Koke in nature 3

モス・アドベンチャーは山麓から始まる

御岳山

東京都内で〝初心者向けの山〟といえば、やはり不動の人気は東京西部に位置する高尾山《たかおさん》（標高五九九メートル）、そしてその双璧をなすのが御岳山《みたけさん》（標高九二九メートル）だろう。どちらも山麓から出ているケーブルカーを使えばラクに登れるし、山頂周辺には売店も充実。両山とも古くから信仰の山として広く親しまれてきた歴史があるからか、登山ルートが多く、山道も比較的整備されているので歩きやすい。さらに御岳山は、奥に進めば七代《ななよ》の滝やロックガーデン、綾広《あやひろ》の滝など、深山ならではのダイナミックな名所もあり、本格的な登山のちょっと手前、いわば〝冒険的なハイキング〟が楽しめる。

もちろんこれはコケ愛好者にとってもしかり。むしろこの山におけるコケ的冒険〝モス・アドベンチャー〟は山麓からすでに始まっていると言ってもいい。コケスポットとしては苔生した岩場の渓谷・ロックガーデンが有名なので、つい最初からそこを目指したくなるのだが、この山のコケ的ハイライトはもっと手前にも数えきれないほどある。

たとえば、山麓にあるケーブルカー・滝本《たきもと》駅の向かい側にある表参道。杉並木の中に山頂へと続く登山道があるのだが、ここのスギに着生するコケがすごい。木の根元にホソバオキナゴケやカタシロゴケの立派な群落があるのは序

上／緑の絶景が広がる6月のロックガーデン　下／上の写真と同じ場所で4月に撮った写真。コケをルーペでじっくり観察するなら、木々の葉が落ちて頭上が明るくなる晩秋から春先にかけての方がおすすめ

の口で、見上げればスギの枝をしならせるほどすずなりになったキヨスミイトゴケが圧巻の迫力！　ちなみにケーブルカーの終着駅から、山頂に向かう道すがら、赤い鳥居を抜けて、ビジターセンターに行きつくまでの杉並木にあるツツジの枝にもこのコケが定住しているが、こんなにジャングル的に繁茂しているのはおそらく御岳山内でもここだけだ。また、この表参道では過去に、葉の上に生えるカビゴケや、極小のキュウシュウホウオウゴケ※、普段はなかなかお目にかかれないツボゼニゴケの仲間などに出会えたこともあり、山麓だからといってあなどれない。冒険心を胸に探せば探すほど、面白いコケが出てくる貴重なコケスポットなのである。

もちろん、山上にも魅力的なコケスポットはたくさんある。その一つが山頂に鎮座する武蔵《むさし》御嶽《みたけ》神社のあたりだ。すぐ近くに昔から参拝者の案内や宿泊の世話をしてきた御《お》師《し》たちの集落があり、ここがちょっとユニークなコケスポットになっている。というのも、自然豊かな山の上ながら、このエリアは銅葺き屋根のお社や神域の杜などの〝信仰の場〟と、古い石垣や井戸、ここ何十年かのうちに築かれたであろうコンクリートの地面や壁などに囲まれた

右／キヨスミイトゴケ。空中湿度の高い場所にある樹枝に着生し、糸状に垂れ下がる。左端に写っている人はインタープリターでコケ友のＩさん
左／デメキンみたいな雌器托を持つツボゼニゴケの仲間

〝人々の暮らしの場〞が混在した環境になっている。それゆえ、コケの種類も都市部で見られるものから森の中で見られるものまでじつに幅広い。山だと思って歩いているとホンモンジゴケと出会ったり、集落だと思って歩いているとコウヤノマンネングサと出会ったり。どこにどんなコケが現れるかわからないところにも、この山ならではのモス・アドベンチャーがある。

そんなわけで、登山者の多くがお目当てにしているロックガーデンに行くにはいつも時間が足りず、ようやくたどり着いたのは御岳山を訪れてじつに三回目のこと。しかし、もし御岳山に何度も行けるという方は筆者のように山麓エリア、集落エリア、ロックガーデンの三回に分けたモス・アドベンチャーをおすすめする。一度に欲張ると、本当の意味でコケが楽しめない。なお、緑あふれる幻想的なロックガーデンの景観が臨めるのは、渓谷の木々の葉がよく茂った梅雨入りごろから夏の間となる。

さて、御岳山へ行かれた際、御岳ビジターセンターが開いていたらぜひ立ち寄ってみてほしい。施設内にはこの山のコケについての展示物や配布資料があり、インタープリター（自然解説員）もコケが好きな人が多い。コケ観察の

右上／ホンモンジゴケ　左上／武蔵御嶽神社の社殿　右下／井戸の中にいたオオウキゴケ　左下／コウヤノマンネングサ

右上／茅葺き屋根が目印の宿坊「東馬場」。御師集落ではいまも現役の宿坊が20軒以上ある　右下／七代の滝近くにある木の根がむき出しになった急坂。この辺りはハイキングをしていてもアドベンチャー感がある　左上／御岳ビジターセンター発行のコケのパンフレット。同センターのホームページからダウンロードもできる

仕方や山中の見頃のコケなどについて教えてくれるほか、不定期に専門家を招いてのコケ観察会も開催している。きっとコケを探しに来た冒険者たちの心強い味方となってくれるはずだ。

※蘚類のホウオウゴケ属の一種。配偶体の長さは葉を含めて一・五ミリメートル以下。山地の岩上や地上に生える。

TRIP DATA

御岳山

東京都青梅市御岳山
☎0428-78-9363
（御岳ビジターセンター）
交JR青梅線「御嶽駅」を下車し、西東京バス「ケーブル下行き」の終点で下車。山上へはケーブルカーあり。また山麓に専用駐車場あり

Koke in nature 4

魅惑のコケ迷宮

山犬嶽

「Sさーん、おーい、Sさーん!」

しずくをたたえたコケの美しさに夢中になるあまり、同行者のSさんを見失ってしまった。目の前はどこまでも苔生す岩山。いまはまだ春先で周辺の落葉樹に葉が出ていないこともあり、山中はコケの緑ばかりが際立って見える。今日はハイカーも少なく、登山口から四〇分ほど登っても、すれ違ったのは四、五人だけだった。寒さが残るせいで動物たちもいまだ眠りの中なのか、鳥の声すらしない。それとも岩を覆うふかふかのコケのマットが、辺りの音を吸収しているのかもしれない。いずれにせよ少し気味が悪くなるほどの静けさだ。もしかして私はコケのしずくをのぞき込んでいるうちに、コケの迷宮《ラビリンス》に迷い込んでしまったのか。

コケとしずくのツーショットは雨が降ったあとのお楽しみ。よく見るとしずくの中にもコケが映り込んでいる

そんな妄想がふいに頭をよぎる。

「はいはーい、ここよ〜。私はここ〜!」

危うくコケ迷宮に足を踏み入れかけていた私を引き戻すかのように、聞き慣れたSさんの明るい声が山に響き渡った。大きな岩の陰に隠れて見えなかったが、Sさんは私がいる場所より少し上の斜面に腰を下ろし、のんびりとおにぎりを食べていた。急いで近くまで登っていくと「はい、お味噌汁。よかったら飲んで」と湯気の立った紙コップを渡してくれた。

山犬嶽《やまいぬだけ》は徳島県上勝町《かみかつちょう》の中心部にそびえる標高九九七・六メートルの山だ。江戸時代の一六六〇年に山頂で大崩落があり、その時に崩れ落ちた巨岩が中腹の雑木林のあちこちに転がっていて、そこがコケの名所となっている。ちなみに崩落以前の山頂には山犬が口を開いたような形の岩石があったことから、この名称がついたと言い伝えられる。

登山口は棚田の中の細道を二キロメートルほど歩いた村落のはずれにあり、さらに登山口からコケの名所までは杉林の中を四〇分ほどひたすら歩かねばならない。その間、ホソバオキナゴケやカタシロゴケ、ムチゴケの仲間などスギの根元によく生えるコケたちを見かけはするものの、それ以外はほとんどコケ的な見どころがない。今回、以前にこの山を訪れたコケ友からの情報で徳島県在住のSさんを誘ってここまで来たのだが、あまりにも変化のない杉林を歩いていると、本当にこの先にコケパラダイスがあるのだろうかとだんだん不安になってくる。

そんな矢先、杉林が突如開けて景観が変わった。辺りに岩が増え、次第に大きな岩もゴロゴロと現れて、さらにどの岩にもぶ厚いコケのマットが覆いかぶさっている。気づけば山の斜面一帯を苔生す大岩が埋め尽くし、歩く隙間もないほどだ。圧倒的なコケの景観にくらくらした。

Sさんのお味噌汁とおにぎりで小休憩を取ったあと、二人で岩の隙間を縫うようにしながら山を歩いた。手元の「山犬嶽マップ」(上勝町のホームページからダウンロードできる)を見ると、このコケの名所にも道があるはずなのだが、道が細すぎるせいなのか、岩が多すぎるせいなのか、どれが道なのかよくわからない。さらにどこを歩いても景色がよく似ていて余計に迷う。やっぱりここはコケの迷宮だったのだ!

仕方がないので今度はSさんがくれたチョコレートを頰ばりながら、目の前の岩のコケをルーペで観察する。前日は雨だったこともあり、シノブゴケの仲間、ツヤゴケの仲

すべての岩がこれほど見事に苔生している光景も珍しい。徳島県屈指のコケの群生地だという

間、ハイゴケの仲間、シッポゴケの仲間、イワダレゴケの仲間（おそらくミヤマリュウビゴケ）など岩を好む大型の蘚類たちがひときわ輝いて見える。さらにコケが新芽を出す春先ということもあり、どのコケの葉もフレッシュだ。注意して見ていくと、コモチフタマタゴケ、シダレヤスデゴケ、ニスビキカヤゴケなどの苔類の群落も見つけることができた。

　コケをしばらく見てはまた道なき道を進みを繰り返し、どうにか地図に載っている「コケの名所」をぐるりと一周。

　そして一周回ってみると、これだけみずみずしいコケがあふれているにもかかわらず、ここには沢がないことに気づいた。山の中でコケが豊富な場所は、湿度の高い沢沿いである場合が多い。なのにここは沢がないうえに、頭上の木々にまだ葉がないため日当たりも強い。なのにどうしてこんなにコケが元気で豊富なのだろう。コケ迷宮に迷い込んだ私たちは、今度は探偵気分で推理を始めた。

　Sさんによると上勝町は徳島県の中でも年間降水量が多いそうだ※。ということは、沢がなくてもコケは一年を通して十分な水を得られているのかもしれない。さらに周りの景色をよく見れば、コケの名所はすり鉢状地形の底のようなところに位置している。周囲は背の高い杉林に囲まれて

右上／登山口を入ってすぐの杉林。木の根元のコケが気になるところだが、コケの名所まで道のりは長いのでここは我慢　左上／コケの名所には随所に石仏があり「プチ四国八十八か所めぐり」もできる。道に迷った時に石仏の番号が意外と頼りになった　左下／山犬嶽は地元の人たちにとって身近な愛する山。「取って帰るのは写真だけ！持って帰るのはゴミだけ！」。心して山に入ろう

いるので、すり鉢の中は一定の湿度が保たれるのだろう。さらに秋から春は落葉樹に葉がなくて今日のようにコケに直射日光が当たるが、逆に初夏から夏の一番暑い時季は落葉樹の葉がよく茂り、コケにとってはちょうどよい屋根となる。こうした絶妙な環境によって、この場所はこんなにコケが豊かなのかもしれない。「きっと夏に来ればコケの緑も濃くなって、木漏れ日の中でいっそう幻想的な風景になるのだろうね」というところで二人の探偵の推理は落着した。

この日は日帰りで関西に帰る予定だったので、頂上は目指さず早めに下山した。しかし、帰りも道なき道にひと苦労。明るいうちだったからよかったものの、暗くなると岩だらけの足元はなかなか危なそうだ。もし行くことがあったら必ず地図を持参のうえ計画的な行動を。時間を忘れてコケに夢中になるあまり、コケ迷宮から出られなくなったなんてことがくれぐれもありませんように。

※徳島地方気象台の二〇一七年の年報によると、上勝町の年間降水量は二七三五・五ミリ。徳島市の一四九六・〇ミリに対して二倍近い雨量がある。

コモチフタマタゴケ。葉状体の先端が細く伸びてその縁に無性芽をつける

下山途中、岩上に見つけたツクシハリガネゴケ（おそらく）。同じハリガネゴケ科のオオカサゴケやカサゴケモドキと似て見えるがずっと小型

TRIP DATA

山犬嶽

徳島県勝浦郡上勝町大字生実
☎0885-46-0111（上勝町産業課）
交 徳島市内から車で約1時間、専用駐車場から徒歩

Koke in nature 5

コケとキノコの間で心揺れ……

阿寒の森で胞子まみれの旅

コケとキノコ。森に入ると両者が仲良く並んで生えている姿をよく見かけるが、コケ愛好者とキノコ愛好者もなかなか相性がいい。どちらも山に入ればずっと地面にはりついてほとんど動かないという観察スタイルがよく似ているし、コケは「植物」、キノコは「菌類」と分類学上はまったく別系統の生き物ながら〝胞子で繁殖する〟という点では共通している。だからコケ好きとキノコ好きもお互いを同志に見ているところがあるというか、何かにつけて不思議と共鳴し合うところがある。

そんな〝胞子繋がり〟で一〇年ほど前から親しくさせてもらっているのが、きのこ粘菌写真家のAさんだ。Aさんは北海道東部にある阿寒湖《あかんこ》周辺の森をメインフィールドに、キノコや粘菌の写真を撮ったり、ネイチャーガイドとして観光客に森を案内したりという暮らしを二〇年以上続けている。私がAさんと初めて会ったのは東京の書店で開催されたAさんの写真展だった。ドキドキしながら私からAさんに話しかけたところ、すぐに意気投合。「もしよかったら阿寒の森に遊びに来てください。キノコも豊富ですがコケもすごいですから！」と誘ってくださった。〝自分にとってありがたい社交辞令は真に受ける〟のが私のモットー。とりわけキノコがたくさん出る秋に現地を訪れた。

阿寒の森がある阿寒摩周《ましゅう》国立公園は、日本最大のカルデラを擁したエリアである。巨大なくぼ地の中にいくつも

上／コケの群落から生えるコウバイタケ。周囲にはイワダレゴケなどが立ち上がっている
下／森に入る前に阿寒湖でカヌーにも乗せてもらった筆者。正面には雄阿寒岳（おあかんだけ／標高1371m）。阿寒ならではの雄大な光景だ

の火山と湖が隣り合う地形は全国的にも珍しく、そこに原始の面影を残す天然林が広範囲に広がっているという点でも貴重な場所と言われている。とはいえ、阿寒といえばやっぱり有名なのが阿寒湖のマリモと温泉。「ここにこんなに素晴らしい森があると知ってて来る人はまだまだ少ないんだよね」とAさんは言う。

前日に阿寒湖温泉街に入り、翌朝七時にAさんと待ち合わせて、まずは阿寒湖岸に広がる森を探索。そのあとは阿寒湖から約二〇キロメートル離れたところにある湖・オンネトーの岸辺に広がる森を探索するのが今日の計画だ。プロのネイチャーガイドであるAさんのコーディネートで、コケとキノコを堪能する完全プライベートツアーである。

この辺りの森はアカエゾマツ、トドマツなどの針葉樹を中心としながら、ミズナラ、ダケカンバ、ナナカマドなどの広葉樹も入り混じる針広混交林地帯である。北海道東部は亜寒帯に属し、標高が高くない山麓域でも寒冷な気候。さらに火山地帯でもある。人の手がほとんど入っていない森なので、枯れ木や倒木が森の至るところで見られる。

また、水が豊富なことも阿寒の森の大きな特徴だ。森の中を小さな川が幾筋も流れているほか、森や湖からの水蒸気が雲となって頻繁に雨を降らせる。倒木が多くて湿度も

右ページ／オンネトーの森。倒木は撤去せずできる限り放置することで、自然そのものの力で更新される森が保たれている　右上／コケを撮影中のＡさん（奥）。地元出身のコケ愛好者・Ｋさんも合流して、思い思いにコケを観察　左上／森の奥にある「湯の滝」もコケスポット。すぐ上の湯壺で温泉が湧いているためお湯が流れている。通常は深海で作られるマンガン鉱物が地上で生成される世界唯一の場所　左下／倒木の根にも旺盛にコケが群生する

高いとなれば、キノコがよく生えるのは必然。もちろんコケにとっても好環境だ。コケは倒木、岩、土の上に分厚いマットをつくり、スポンジのように雨水を吸収して森の保水力をさらに高める。それがまたキノコの生育を促し、キノコは森の分解者・共生者としての本領を発揮する。※

ちなみに近年の研究で、キノコの胞子が空中高くまで漂い、雨粒の核となって雨を降らせていることが明らかになってきたのだそうだ。キノコの胞子の大きさは数マイクロメートルから数十マイクロメートルほど。これはコケの胞子も同じく、さらに言えば変形菌もシダ植物も似たようなものだ。Ａさんから森の仕組みについての話をうかがいながら、太古の昔から彼らがめいめいにまき散らしたカラフルな無数の胞子が舞い踊りながら空へと上っていく光景が脳内に浮かんで、胸がときめいた。

さて、実際に倒木や地面に視線を落とすと、すぐにキノコは見つかった。というか目を凝らすほど、湧いて出てくるかのように次々と現れる。たしかにここはキノコ天国だ。もちろんコケだって負けていない。林床に大群落をつくる大型種から倒木に潜む小型種まであちこちにわんさといる。

「イワダレゴケが大群落になってますすねぇ」

「え、こんなに大きいけど、これコケだったの⁉」

「この赤いのはもしかして……」

「そう、ベニテングタケです！」

「タヌキノチャブクロは押すと胞子が出ますよ」

「よーし、いっちょ胞子散布に協力しちゃいますか⁉」

「いいね、これぞ〝胞子（奉仕）活動〟だ！」


コケ好きとキノコ好き。お互いの知識と対象へのあふれ出る愛を分かち合いながら、この日は森に息づく〝胞子な生き物〟たちを日が暮れるまで堪能した。ホテルに戻ってカメラの画像データを確認してみると、コケよりキノコを撮影した枚数の方が圧倒的に多かった。こんなことは私のコケ観察人生史上初めてだ。キノコの魅力、おそるべし。きっといまごろAさんも、自分のカメラのコケ画像を見て私と同じような思いをしているにちがいない。

※キノコには、主に樹木や落ち葉を分解して無機物に還元する、あるいは生体に寄生してやがて宿主を殺してしまう「分解者」としてのキノコ（腐生菌、寄生菌）と、樹木の根との間に菌根を形成して互いに必要な栄養のやり取りをする「共生者」としてのキノコ（菌根菌）がある。

筆者が魅せられた 森のキノコたち

スギヒラタケ
コケと紅葉とともに

ハナビラダクリオキン
キクラゲの仲間

ベニテングタケ
毒キノコだがエゾシカが好んで食べるそう

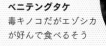

TRIP DATA

阿寒湖(阿寒湖温泉)

北海道釧路市阿寒町阿寒湖温泉
☎0154-67-3200(NPO法人阿寒観光協会まちづくり推進機構)
交釧路空港よりバスで約70分。またはJR「釧路駅」よりバスで約2時間
阿寒湖温泉からオンネトーへは車で約25分

ベニカノアシタケ
落ち葉や落ち枝など
から生える

タヌキノチャブクロ
指で押すと
胞子が噴き出す

こちらはキノコではなく変形
菌・ウリホコリの子実体。や
はり胞子を散布して繁殖する

koke in nature 6

北国の隠花帝国でランブリング

奥入瀬渓流

コケとの出会いを目的にぶらぶら歩く「コケさんぽ」は、コケが好きな私の人生には欠かせない楽しみの一つだ。近所から始まって、ほうぼうへ出かけることはもちろん、出張や実家への帰省、家族旅行、冠婚葬祭での遠征などコケに関係のない旅先でも、気づけば常にコケを探してうろうろと歩いてしまうわけだが、では理想的なコケさんぽの場所はどこだろうと、ふと考えてみる。

まずは、やはりできるだけ多くのコケと出会いたいので、多種のコケが生育できる環境の変化に富んだ場所がいい。そうなると街中よりも、自然度の高い山を目指すわけだが、険しい山道は疲れるし、ゆっくりとさんぽするのにはあまり向かない。アップダウンが少なく、ラクに歩ける道がありがたい。また、できれば大きな荷物を持たず、軽装で歩けて、道迷いの不安がないような場所ならなおいい。さらに欲を言えば、コケさんぽの楽しさを一緒に分かち合いつつ、その土地にも詳しい誰かがいてくれたらもっと嬉しい。これまで歩いた所で、そんなわがままを叶えてくれる場所なんてあっただろうか。一五年近いコケさんぽの記憶を振り返ってみたら、ヒットする場所が一つだけあった。それが青森県の奥入瀬《おいらせ》渓流だ。

奥入瀬渓流は、青森県と秋田県にまたがる十和田湖を水源とした奥入瀬川の全長約七〇キロメートルのうち、十和田湖畔の子ノ口《ねのくち》から約一四キロメートル下流の焼山《やけやま》までの

撮影：堀内雄介

上／奥入瀬渓流沿いの遊歩道。足元はコケやシダなどの隠花植物に覆われ、頭上には落葉広葉樹が生い茂る。渓流に加え、春から夏にかけて太平洋側から吹き込む冷たく湿ったヤマセ（偏東風）も森に潤いを与えている　下／カルデラ湖である十和田湖を水源とする水は流れる量が常に安定している。そのため川の中の岩にもコケや草木が生えることができる区間を指す。この区間は、ブナ、ミズナラ、トチノキ、サワグルミ、カツラなどの落葉広葉樹の渓谷林（渓流沿いに発達した森林）が連続する深いU字型の渓谷で、迫力ある滝や奇岩が点在する風光明媚なエリアだ。また、林床、樹幹、岩肌はコケやシダ、さらには地衣類、菌類などの隠花植物の宝庫。いまや北八ヶ岳《きたやつがたけ》、屋久島《やくしま》と並ぶ「コケの三大聖地」の一つとして、また「北国の隠花帝国」として知られている。

とはいえ隠花植物が豊富な場所は他にも日本各地にある。その中でも奥入瀬渓流が群を抜いてコケさんぽに向いていると思うのは、これだけ自然度が高い場所にもかかわらず、渓流に沿うように国道一〇二号が走っており、さらに遊歩道が渓流全一四キロメートルの川岸のほぼすべてに設けられている点にある。遊歩道の勾配は緩やかで、高さは渓流とほぼ同じ。道幅もそれなりにある。つまり、常に川の流れを見ながらゆったりと歩け、疲れたら車での移動も可能。だから体力に自信がない人でも気軽にコケさんぽが楽しめる。おそらくこんな場所は全国でもここしかない。

さらに特筆すべきは、現地には心強い〝さんぽの友〟も待っているということだ。現地の自然環境・歴史・風土などを熟知したネイチャーガイドである彼らは、ある時はコケ友、またある時はシダ友、はたまた菌友（キノコ友だち）として、一緒にさんぽを楽しみながら、この森の生態系や、四季折々の動植物の姿など、日々森を観察している者ならではの知識をそっと披露してくれる。「コケに興味はあるけど、知識はほとんどない」というような初心者にも手取り足取り教えてくれるので、安心してコケ観察を楽しむことができる。

そんな充実した隠花植物さんぽができる奥入瀬渓流だが、じつは一〇年ほど前に現地のネイチャーガイドたちはそれまでの観光形式の大きな見直しを図ったのだという。というのも、奥入瀬渓流の景勝地的価値は昭和初期から世に知られ、現在までに①国指定天然記念物、②国指定特別名勝、③国立公園特別保護地区の指定を受けている。国内でも数少ない〝三冠王〟となったことで、全国各地から多くの観光客が押し寄せ、とくに落葉広葉樹の新緑や紅葉の時季は団体観光客を中心に大賑わい。大型観光バスを乗り降りしながらフォトスポットで写真を撮り、十和田湖で遊覧船に乗り、そして湖をぐるっと回って秋田県へ抜けていくのが観光客たちの定番コースで、地元の観光従事者たちは特別な努力をしなくてもじゅうぶん潤ったのだという。

右上／ホウキタケの一種。キノコは落ち葉を土へと醸す　右下／冬虫夏草（菌類）のカメムシタケ。土の下にはカメムシが眠る　中上／コケシノブ。コケとよく間違えられる小型のシダ　中下／オシダ。林床で一番目立つシダ　左上／樹幹には色鮮やかな地衣類

左／現地のネイチャーガイドTさんとコケさんぽ。奥入瀬渓流は遊歩道を歩くだけなら5時間ほどらしいのだが、隠花植物を見ながら歩くといつも5時間で200～300mしか進まない　右下／「青森」の名がつくアオモリサナダゴケ　左下／巨岩にはエビゴケなどが群生

木漏れ日に輝くオシダ。
自然の造形美はまるで
アート作品のよう

しかし時代は流れ、美しい風景をただ流し見するだけの観光スタイルは次第に廃れていく。さらに二〇一一年の東日本大震災がそれに追い打ちをかけた。

ガイドたちはそこで初めて自分たちが、観光客が風景の一要素として認めている樹木や野草、野鳥などについては知っていても、森に入れば必ず視界に入る隠花植物については ほとんど何も知らないことに気づく。花もつけない、小さくて実態がよくわからない、そもそも観光客が興味を示さないからと見過ごしてきた。そういえば、いったいどうしてこの森にはこんなにコケやシダが豊富なのだろう？ 種数はどれくらいあるのだろう？ 隠花植物たちは森でどんな役割を果たしている？

それからというもの、現地のネイチャーガイドらで構成されるNPO法人 奥入瀬自然観光資源研究会（通称：おいけん）を主体として、全国のコケ研究者をはじめ隠花植物の各分野に詳しい専門家たちの協力も得ながらの研修会や観察会が始まった。さらに並行して実施されたコケの学術調査では、約三〇〇種のコケの生育を確認。その奥深い生態を知れば知るほど、奥入瀬の森の土台をつくっているのはコケをはじめとする隠花植物たちにほかならないことが見えてきた。約一〇年たったいまも、隠花植物を中心と

右上／渓谷林の中を走る国道102号。いまも新緑と紅葉の季節はとくに混雑するので朝早い時間に散策するのがおすすめ　右下／筆者のお気に入り、カツラの木の落ち葉。マルトールという香気成分でカラメルのような甘い香りがする　左／森の断崖から流れる「雲井の滝」。高さは約20m。勢いよく落ちる水は湖からではなく、森に降った雨や雪が時間をかけて土壌にしみこみ、ろ過され、流れ出たものというから驚く

した森の魅力や保全の重要性をより多くのガイドが発信していけるよう定期的に勉強会が開かれるなど、たゆまぬ努力が続いている。

ところで、私がかねてより続けているコケさんぽ、現地のベテランガイドのKさんによると、「ランブリング」というものの一種なのだそうだ。「rambling＝ぶらぶら歩く」という意味で、歩くことそのものや目的地への到達を主目的とせず、興味があるものに出会えばそのつど立ち止まって、気が向くままにぶらぶらとさんぽすることを指すという。

日本ではまだ馴染みの薄い言葉ながら、植物観察、ビーチコーミング、史跡めぐり、御朱印めぐりなどもその類で、日本人の間ですでに親しまれている趣味にはランブリングといえるものが意外と多い。運動的要素が強いウォーキングやトレッキングとは別ジャンルのものとして、最近はエコツーリズム※の世界でとくに注目されているらしい。

さしずめコケさんぽは〝モス・ランブリング〟というところだが、正直なところ奥入瀬渓流の森はコケ以外の誘惑があまりにも多くて、いつ歩いてもモス・ランブリングだけに終わらない。この森ではコケ以外の隠花植物はもちろ

ん、はらりと地面に散り積もる落ち葉でさえも美しく、いつまでも見とれてしまう。森のすべてが愛おしい。こんなにも満ち足りた気持ちになるのは、何よりこの森の自然環境の豊かさゆえなのだろうが、その森の見方について教えてくれた〝さんぽの友〟の存在もとても大きい。

※地域ぐるみで自然環境や歴史文化など、地域固有の魅力を主に体験を通して観光客に伝えることで、その価値や大切さが理解され、地域の自然環境や歴史文化の保全に繋がっていく観光のありかた。

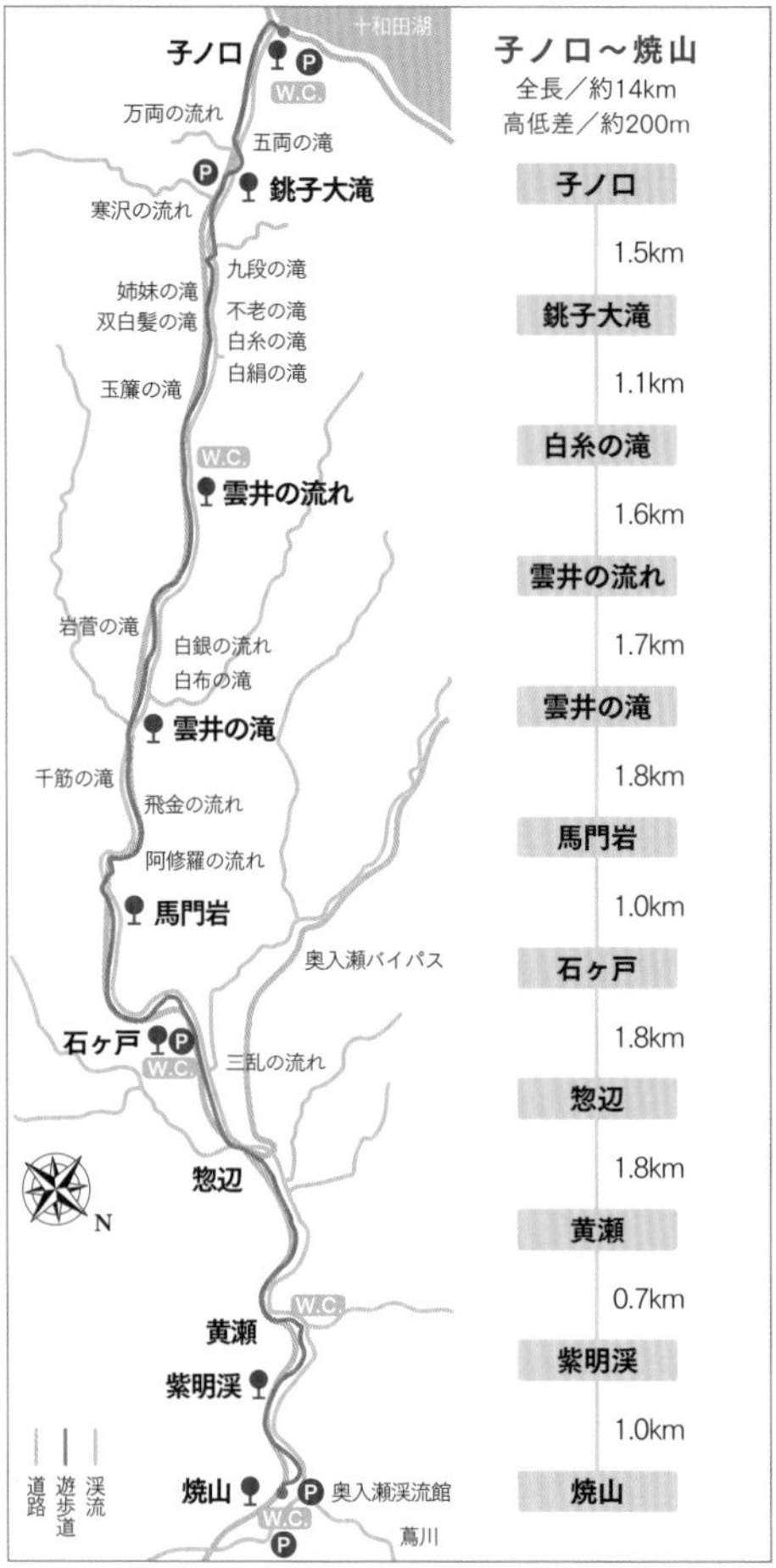

子ノ口から焼山までの約14kmのマップ。※「奥入瀬フィールドミュージアム」のホームページをもとに作成

おいけんが製作したコケとシダの図鑑。この他にも奥入瀬の自然について書かれた本を多数発行している

TRIP DATA

奥入瀬渓流

青森県十和田市奥瀬
☎0176-75-2425（十和田湖国立公園協会）
☎0176-23-5866（NPO法人 奥入瀬自然観光資源研究会）
交JR東北新幹線「八戸駅」・「新青森駅」から直通バスで約1時間半／車の場合、焼山ほか子ノ口、石ケ戸などに駐車場あり

Koke in nature 7 またこのコケの森で会いましょう

北八ヶ岳

本州のほぼ中央、長野県と山梨県にまたがる八ヶ岳《やつがたけ》。名前はよく知られているが、それが単体の山を指すのではなく、太古の火山活動によって誕生した、南北約三〇キロメートル、東西約一五キロメートルの範囲に連なる二〇〇〇メートル級の山々の総称であることは意外と知られていない。さらに南北のおおよそ中間に位置する夏沢峠《なつざわ》を境に南と北に分けられ、南エリアは「南八ヶ岳」、北エリアは「北八ヶ岳」と呼ばれる。

南八ヶ岳には、八ヶ岳の最高峰・赤岳《あかだけ》（標高二八九九メートル）をはじめ、登山者の体力と登山テクニックが試される鋭い岩峰が多いことから、昔から縦走登山などを好む中級以上の登山者たちにとくに人気が高い。

白駒の池周辺の森。火山活動によってできた無数の岩塊にコケがむし、針葉樹が生え、現在の姿になった

一方、北八ヶ岳は南八ヶ岳に比べて山並みはなだらかだ。一帯の大部分はシラビソ、コメツガ、トウヒなどの亜高山性針葉樹の原生林に覆われ、あちこちに大小の池が点在する。そして、林床はコケの天国だ。神秘的で静けさに満ちた「森」という言葉がぴったりの場所である。

私が夫の山仲間に誘われて本格的に登山を始めたのは二〇〇八年の夏だった。ちょうど世の中が第三次登山ブーム※を迎えていたころだ。はっきりとは覚えていないが、おそらく登山ブームがあったから私は夫の山仲間からの誘いに興味を持ち、山に登り始めたのだと思う。そしてその当時の八ヶ岳といえば、首都圏からアクセスもよく、ベテランのみならず初心者も挑戦しやすい登山ルートが豊富だということで、いつにも増して大賑わいだった。しかし私の記憶では、賑わっていたのは主に南八ヶ岳の山々。なだらかな山容の北八ヶ岳、ましてや標高二〇〇〇メートル以上を走る国道二九九号（通称：メルヘン街道）のすぐそばにあり、アップダウンの少ない白駒《しらこま》の池周辺のコケの森には、急峻な岩場やスリル満点の尾根を歩き、ピークを踏んでこそ〝登山〟と思い込んでいた私のような登山ブームきっかけの初心者たちは関心が薄かったように思う。

とはいえ、当のコケの森でこれまで何十年と森の番人役を担ってきた山小屋の主人たちにとっては、そんな登山ブームはどこ吹く風だったかもしれない。彼らの一番の関心事は、先代から引き継ぎ、常に自分たちの人生と共にあり続けてきたこの森の成り立ちをもっとよく知ること、そしてこの美しい森をこのまま後世に伝えていくにはどうすればよいかということだった。

二〇〇八年、日本蘚苔類学会が、日本の貴重なコケの群落や、コケが景観的に重要な位置を占める場所の保護・保全を目的に選ぶ「日本の貴重なコケの森」にこの森を認定したことをきっかけに、二〇一〇年に白駒の池周辺の四軒の山小屋（白駒荘、青苔荘《せいたいそう》、高見石《たかみいし》小屋、麦草《むぎくさ》ヒュッテ）と白駒の池入口にある有料駐車場の経営母体・南佐久《みなみさく》北部森林組合の五者は共同で北八ヶ岳苔の会を結成する。蘚類の研究者で、学会にこの森を推薦したH先生からコケの生態や観察の仕方、森の保全などについて学びながら、登山道の整備や森に生育するコケを紹介するパンフレットを作成するなど、この森を訪れる人々にコケの魅力を広め、同時にコケや森全体の保全について、理解を深めてもらうための活動をスタートさせた。

白駒の池を一周する木道。コケの保護と登山者が森で迷わぬようにと、北八ヶ岳苔の会が少しずつ整備してきた

ところで同じころ、私は夫の山仲間パーティの〝要注意人物〟となっていた。というのも、名峰のピークを踏破し、山の自然や風景を楽しみながらも安全第一で、登山計画通りに登頂・下山を遂行することを何より重んじるパーティの中で、ピークのはるか下、標高一五〇〇～二〇〇〇メートル付近のコケが旺盛に繁茂する樹林帯から全然動かず、いつまでも這いつくばってコケ観察している私は、他のメンバーからすれば完全にお荷物な存在だったからだ。「進むのが遅い！」「山小屋の到着予定時間にこのままだと間に合わない！」と叱られながらも、私自身もコケのことになるとつい熱くなる。「そんなに急かされたんじゃ落ち着いてコケが見られない！　皆もこんなに美しいコケは見ておかないと、人生もったいないよ!!」と、これまで手取り足取り登山のノウハウを教えてくれたメンバーたちに思いっきり反旗を翻していた。

そんな時に、北八ヶ岳苔の会が山小屋に宿泊して森のコケと親しむ一泊二日のコケ観察会を始めたことを知る。「これは八ヶ岳のコケを勉強するチャンス！」とばかりに早速、一人で北八ヶ岳へ向かったのであった。

コケ観察会は四つの山小屋が持ち回りで担当している。私が初めて参加したのは、赤い三角屋根がトレードマークの山小屋・麦草ヒュッテでの観察会だった。参加者はもちろん全員初対面。初対面の人たちと山小屋に泊まるなんて初めてだ。少し緊張していたところ、後ろから声をかけられた。静岡県在住のコケ友・Tさんだった。彼女もインターネットの情報か何かでこの観察会を知り、申し込んだのだという。「こんなところで偶然に会えるなんて！」と久々の再会を喜び合い、おかげで緊張がほぐれた。聞けば他の参加者も東京や神奈川をはじめ、遠方から来た一人参加の人がほとんどだった。

電車やバスを乗り継いで遠くから参加する人が多いからだろう、コケ観察会一日目は昼過ぎから始まった。まずはコケ研究者の先生による山小屋周辺の森のコケ案内。皆、先生のあとについてコケを見ながら、ひとあし、ひとあし。登山パーティでは落伍者だった私も、ここではまったく浮くことがない。亜高山帯の森のコケ（とくに蘚類）は、街に生えているコケとは比較にならないほど大型で、群落の規模も大きい。木漏れ日にコケが輝く姿はまるで緑の絨毯に宝石をちりばめたかのようなまばゆさだ。さらに先生からコケの名前や特徴、森の成り立ちなどを解説してもらうことで、ますますコケが愛おしくなってくる。

左／麦草ヒュッテ。中では森で見られるコケの展示や、実体顕微鏡でのコケ観察、コケテラリウムづくりも楽しめる
右下／白駒の池。標高2115m地点に位置する。森は白駒の池を中心にすり鉢状の地形になっていて、湖面に発生する霧が森に潤いをもたらす
左下／国道299号沿いの駐車場すぐそばにある森の入口。なだらかな登山道を15分ほど歩けば白駒の池に着く

右／H先生によるコケ観察会。コケ研究者が講師を務める観察会は毎年6～10月に開催されている　右下／木漏れ日に輝くムツデチョウチンゴケ（雌株）。森には500種以上ものコケが繁茂している　左下／ムツデチョウチンゴケ（雄株）を下から見上げたところ。この森に生える木はほとんど針葉樹なので、どれも葉が細い。落葉してもコケの上に覆いかぶさらないため、コケにしっかりと日光が当たってよく育つ

夕方には山小屋に戻り、入浴と夕食。そのまま就寝かと思いきや、〝コケ観察会 夜の部〟と称し、先生が今度は座学でさらに詳しいコケのレクチャーをしてくれた。そのあとはめいめいに飲み食いしながら、自分のコケ歴や、今日見たコケのこと、コケの素朴な疑問などを思い思いに語って盛り上がった。コケのことになると、久々に再会した人とでも、今日初めて会った人とでも、なぜか話が盛り上がる。コケを囲めば人間同士の距離もぐっと縮まりやすくなる。これもコケの大きな魅力の一つだ。

コケ観察会二日目は翌朝八時半から始まり、昨日とはまた違ったコースで森のコケを観察。参加者の帰り時間を考慮してお昼ごろに解散となった。他の参加者たちともすっかりうちとけ、自然に「またこの森で会いましょう！」と声をかけていた自分に少し驚いた。

北八ヶ岳苔の会では、コケの魅力と森の環境保全の必要性を参加者一人ひとりに感じてもらうための地道な活動を、もう一〇年以上続けている。ご当地コケ図鑑をつくったり、山小屋の主人自らがガイドを務めるプライベートコケ観察ツアーも始めるなど、活動の幅は年々広がっている。頼もしい番人たちが見守り続けるこの北八ヶ岳の森は、いまや

右上／麦草ヒュッテの夜の部で出された手作りのお菓子。クッキーに押されたかわいい焼印は「コケ丸」。北八ヶ岳苔の会のオリジナル・キャラクターなのだそう　右下／白駒の池湖畔の山小屋・白駒荘の名物、ホオズキのケーキ。最近の山小屋は料理メニューが充実しているのでうれしい　左／北八ヶ岳苔の会が出しているパンフレットとコケ図鑑（有料）。八ヶ岳のコケを知りたい人には必携の書

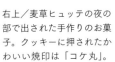

コケ愛好者にとって唯一無二の〝コケの聖地〞だ。最近は「登山中にコケに目がとまり、コケに興味を持った」というベテラン登山者の参加も多いというから、かつて登山中にコケで揉めた経験のある者としてはなおさらうれしい。

そういえば、くだんのパーティのメンバーで、夫ととくに仲が良かった一人はその後、脱サラしてプロの山岳ガイドになった。コケのことも勉強中という。このコケの森にはもう足を運んだだろうか。久々にまたあのパーティで八ヶ岳を歩きたくなってきた。

※登山ブームの時代区分については諸説あるが、山岳雑誌『山と渓谷』編集長・神谷有二氏は、第一次登山ブームを一九六〇年代（日本山岳会隊がマナスル初登頂）、第二次登山ブームを一九九四年ごろ（深田久弥著『日本百名山』の全山を紹介するテレビ番組から中高年層の登山者が増加）、第三次登山ブームを二〇〇七年ごろ～現在（「山ガール」の誕生など）と区分している。

コケの森のマップ（※北八ヶ岳苔の会のパンフレットより抜粋）
イラストマップ作成：村松薫

TRIP DATA

北八ヶ岳
白駒の池周辺のコケの森

長野県南佐久郡佐久穂町・小海町
☎北八ヶ岳苔の会：090-1423-2725（青苔荘）、090-7426-0036（麦草ヒュッテ）
交JR「茅野駅」から諏訪バス「麦草峠」行きに乗り約1時間40分、「麦草峠」下車。または長野新幹線「佐久平駅」から千曲バス八千穂経由「麦草峠」行きに乗り約1時間50分、「白駒池入口」下車、そこから徒歩／車の場合、国道299号沿いの「白駒池入口」そばに有料駐車場あり
※バスの運行期間、国道299号の冬季通行止め期間などについては事前に確認を

Koke in nature 8

縄文杉はまだ遠く……

モッシーフォレスト、屋久島

屋久島《やくしま》は私がコケに興味を持つきっかけを与えてくれた島だ。もしもこの島でコケの存在に気づいていなければ、いまでもたぶんコケの世界に足を踏み入れていなかったと思う。初めて行ったのは二十代半ば。幼馴染と「日本の世界遺産とか一度は行ってみたいよね」という話になり、何となくの思いつきで屋久島へ行くことに決めた。

屋久島は車で走ればたった三時間ほどで一周できてしまう円形の小さな島だ。島の中心部には九州最高峰の宮之浦《みやのうら》岳《だけ》（標高一九三六メートル）がそびえ、その周囲に一〇〇〇メートル級の山々が連なって、島のほとんどが山地となっている。黒潮の中にそびえる高い山々には多量の雨が降り、島のあちこちにダイナミックな谷や滝がある。地形が起伏に富んでいるので植生も豊かだ。屋久島初上陸でとくに驚いたのは植物の生命力。普通は動かない植物がこの島ではこちらに迫ってくるような凄みがある。しかし、凄みがあるといっても恐ろしい感じのものではなく、〝人間も自然の一部〟という感覚を思い出させてくれるような、むしろ安堵に近いものだ。うまく言葉にするのが難しいが、この島ではそんな自然と人との交感がごく当たり前にできてしまうことに感動を覚え、気づいたら翌年も母を誘いまた屋久島に来ていた。

「屋久島に来たなら、縄文杉《じょうもんすぎ》には行くべきですよね？」最初の旅の時もそうだったのだが、私は「YNAC（ワイナック）」という現地のツアー会社にガイドを頼み、森を案内してもらっていた。この日はベテランガイドのOさんが担当で、母と三人で白谷雲水峡《しらたにうんすいきょう》を歩いていた。

最近はどうかわからないが、私が屋久島へ行き始めた二〇〇〇年代半ばは、〝屋久島へ行ったら、目指すは縄文杉〟というのが定番だった。登山口から往復約一〇時間の本格的な登山を要するにもかかわらず、旅行者の誰も彼もが樹齢三〇〇〇年を超えるというその巨樹を目指す。

とくにオンシーズンは登山道が渋滞するほどの人気ぶり

なにげない森の風景だが、美しい色彩と形を備えたコケがそこここで輝き、まるで曼陀羅のよう

と聞いていた。初回の旅では天候の都合で縄文杉まで行けなかった後悔もあり、今回こそはという気持ちでOさんに尋ねてみたのだ。しかし返ってきたのは、

「縄文杉もいいけどコケはどうです？　屋久島を知るには、縄文杉よりもまず先にコケを見るべきですよ」

という予想外の答え。

「コケってわざわざ見るもの？」といぶかしんだが、とりあえずOさんに促されるままその場にしゃがみ込み、手渡されたルーペでコケを見てみることにした。これが生涯忘れられないコケとの出会いとなる。

最初に見たのはたしかオオミズゴケだ。ついさっきまで森の景観の一部でしかなかったものが、こんなにも美しい形をしていたなんて……という驚きの第一印象。さらにちょっと隣にはまた別のコケらしきものがいて、こちらも小さいのに大変美しい。頭上では背の高い木々が大きな森をつくっているが、その足元でじつはコケたちも緻密で広大な森をつくり出していたのだ。思わず触れたくなって手を伸ばすと、思った以上にふかふかとした感触で、触っているうちに水がしみ出てくることにまたびっくりする。よく見ればコケのマットは他の植物の実生《みしょう》のベッドにもなっているようだ。感嘆の声をもらす私の横で、

「屋久島は雨や霧がもたらす豊富な水によって多くのコケに覆われています。また、地中に浸透した大量の雨水が常に地表にしみ出しているので、その水分もコケは取り込んでいる。花崗岩でできた土壌の薄い島ながら、潤ったコケが地表を覆えば、そこにさまざまな植物が芽生えることができます。コケによって森の命が支えられているんですね」

とOさんが教えてくれた。

ああそうか、森の端役だと思っていた彼らは、じつは動植物の命を支える森の要《かなめ》だったのか。

「もう少し、ルーペをお借りしててもいいですか」

気づけば私はOさんにそう頼んでいて、そのあとは母も飽きれるほど森の中で動かなくなった。

さて、この島へコケを見に行くとなったら、ぜひ数日かけて島内の標高の異なる場所をいくつか回ってみてほしい。一つの島の中に亜熱帯から冷温帯までの環境を有することから、コケもじつに多種多様。日本に産する約一九〇〇種類のコケのうち六〇〇種類以上が生育しているほどだ。

また、標高八〇〇〜一八〇〇メートルのヤクスギ林帯に入ると、林床にコケが豊富なのはもちろん、木の枝からもコケが垂れ下がり、「モッシーフォレスト（蘚苔林《せんたいりん》）」と呼

コケ初心者におすすめ

コケ観察スポット

いずれの場所もコケを見て歩くと1日かかるつもりでいてください。

撮影:小原比呂志

白谷雲水峡
（照葉樹林帯～ヤクスギ林帯）

スギの足元に大型の美しいコケが多数群生。少し薄暗く、ぬかるんだ場所もあるので足元に注意を！

ヤクスギランド
（照葉樹林帯～ヤクスギ林帯）

白谷雲水峡より少し標高が高く、明るく開けた場所が多くて、コケもバラエティに富んでいます。

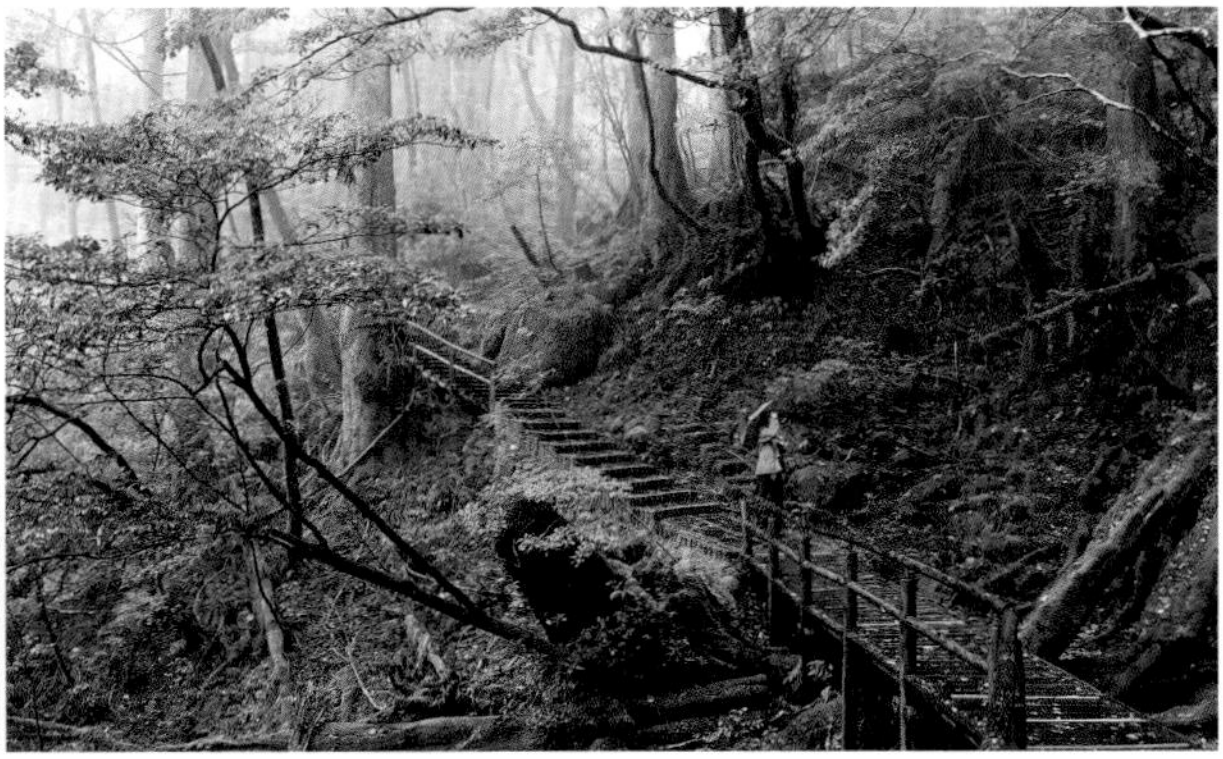

淀川《よどごう》登山口～淀川小屋周辺
（ヤクスギ林帯）

宮之浦岳の登山口で、標高1300m以上。林道（車道）の斜面にはヤクシマゴケやヤマトフデゴケなどが繁茂。雨が多く涼しいけれど多湿で、枝から垂れ下がるコケも豊富です。写真は最近見つかった新種・ヤクシマコモチイトゴケ。

※このほかにも標高の低いモッチョム岳登山口周辺や蛇之口滝（じゃのくちたき）登山道もおすすめ。熱帯性のコケが見られます

屋久島では、標高一八〇〇メートル付近の山頂帯に屋久島固有種の竹類・ヤクシマダケの草原が広がり、標高が下がるにつれヤクスギ林帯（一八〇〇メートル〜八〇〇メートル）、照葉樹林帯（八〇〇メートル以下）へと遷移していきます。島内には固有種や希少種も含めて一九〇〇種以上の植物が分布しています。

屋久島の 植生分布マップ

Vegetation Distribution Map in Yakushima

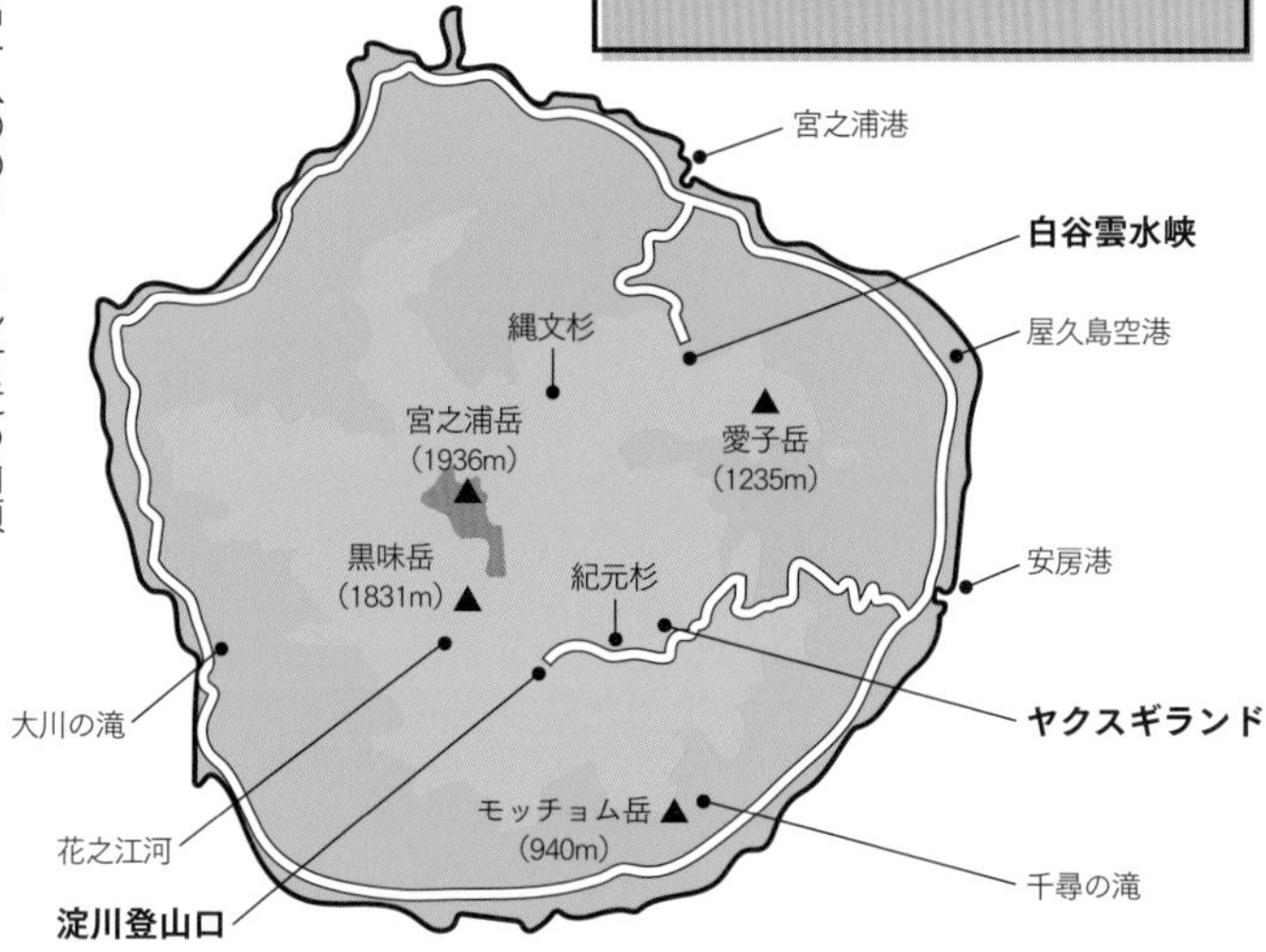

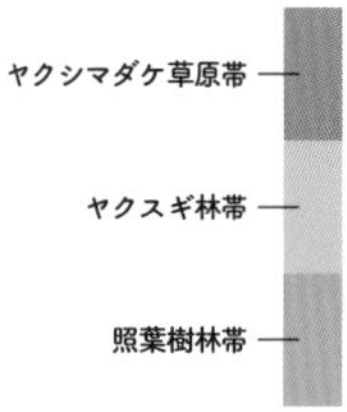

※参考：「屋久島のコケガイド」（発行：公益財団法人 屋久島環境文化財団）

筆者のお気に入り

屋久島のコケ

この島ではコケも北方系から南方系のものまで、幅広い種類が見られます。
とくに筆者がお気に入りのコケを紹介します。

◆印は国内で屋久島だけに生えるコケ。◆印は南九州以南で見られるコケです。

コアミメヒシャクゴケ（苔類）
Scapania parvitexta

ウツクシハネゴケ（苔類）
Plagiochila pulcherrima

ミジンコゴケ（苔類）◆
Zoopsis liukiuensis

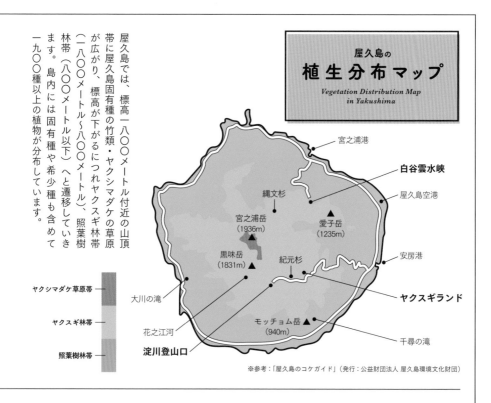

※参考：「日本の世界自然遺産」（環境省）

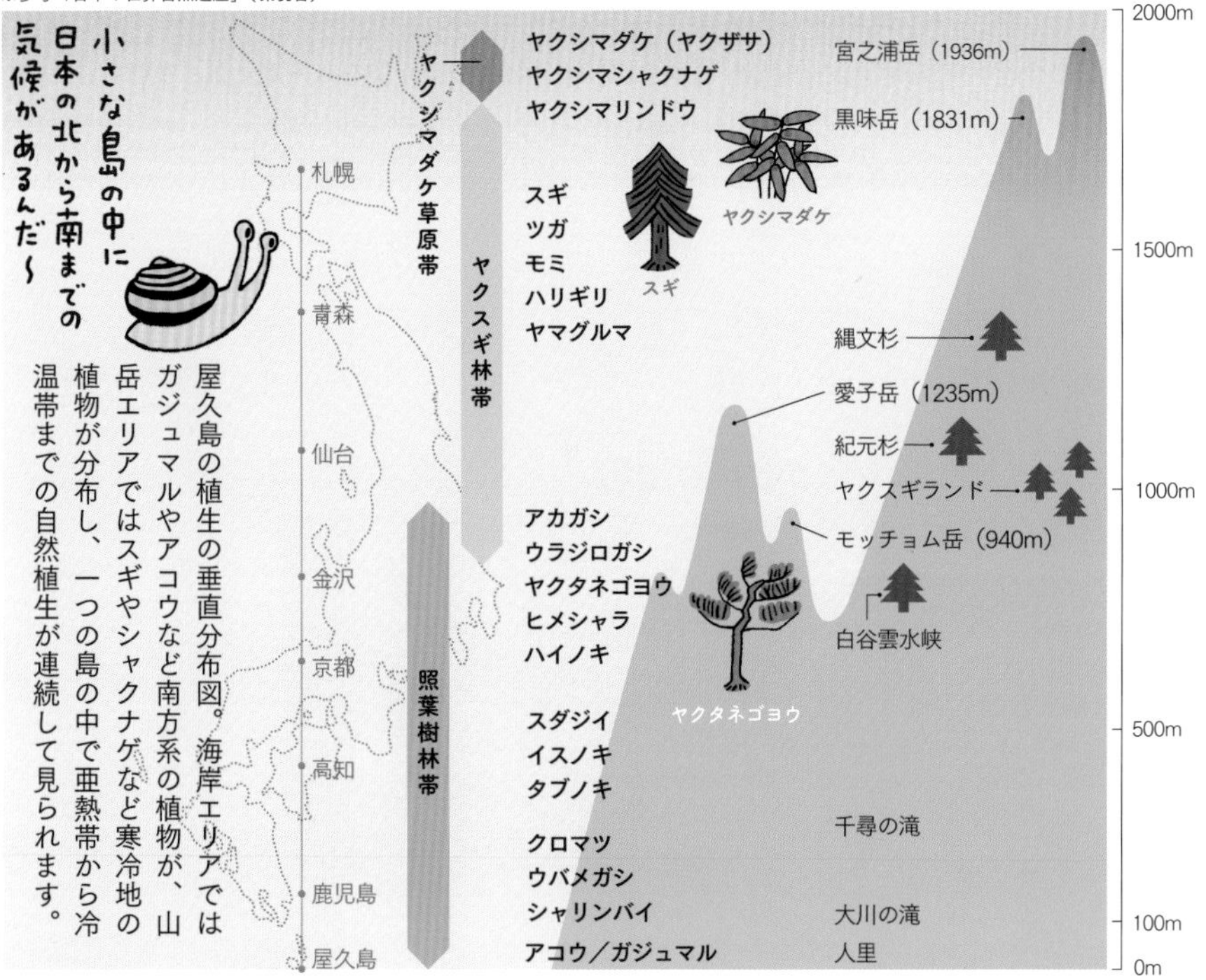

屋久島の植生の垂直分布図。海岸エリアではガジュマルやアコウなど南方系の植物が、山岳エリアではスギやシャクナゲなど寒冷地の植物が分布し、一つの島の中で亜熱帯から冷温帯までの自然植生が連続して見られます。

ヒメミズゴケモドキ（苔類）◆
Pleurozia acinosa

ウワバミゴケ（蘚類）◆
Breutelia arundinifolia

フォーリースギバゴケ（苔類）◆
Lepidozia fauriana

ヤマトフデゴケ（蘚類）
Campylopus japonicus

ヤクシマゴケ（苔類）◆
Isotachis japonica

フォーリームチゴケ（苔類）
Bazzania fauriana

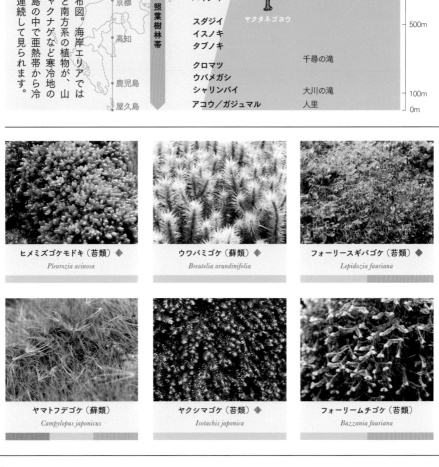

上／オオミズゴケ。スポンジのように多量の水をため込み、指で強くつまむと水がしみ出る　下／コケのマットをゆりかごに成長する、スギの幼樹（中央）

撮影：山田容子

上／屋久島の知る人ぞ知る「コケコケワールド」。台風などで木が倒れ、空き地ができるとまずコケが大地を覆う　左／ガイドのOさん。あとから知ったことだが、じつは屋久島一コケに詳しいガイドさんだった。いまなお私にとっての〝屋久島のコケ師匠〟だ

ばれる世界有数のコケの森が現れる。屋久島のコケに会いに来た醍醐味をきっと味わうことができるだろう。

ところで、コケとの衝撃の出会いのあとも私は再訪を繰り返し、気づけばここ一五年ほどで七回も屋久島を訪れている。しかし、いまだに縄文杉にはたどり着けていない。屋久島の自然は知れば知るほど奥が深く、コケとの交感にも忙しくて、それどころではないのだ。縄文杉を拝むのはもう来世でもいいかなと最近は思い始めている。

TRIP DATA

屋久島

鹿児島県熊毛郡屋久島町
☎0997-46-2333（屋久島観光協会）
㊋飛行機では鹿児島空港から35分、福岡空港から65分、伊丹空港から95分。高速船「トッピー」で鹿児島空港から105分。フェリーでは鹿児島港から約4時間

Oさんも製作にかかわったという屋久島のコケ図鑑『屋久島のコケガイド』は屋久島に行ったら必ず手に入れたい一冊（発行：公益財団法人屋久島環境文化財団）

Column
海外コケめぐり

台湾
Taiwan

Yさん（左）と筆者。いまもメールやSNSで交流が続いている

台北に近い宜蘭《ぎらん》県にある太平山《たいへいざん》（標高一九五〇メートル）は、かつて林業で栄えた山だ。現在はハイキングコースが整備され、台湾でも有名な観光スポットになっている。巨木が林立し、霧が立ち込める森はなんだか〝台湾の屋久島〟という雰囲気。もちろんコケも豊富だ。

現地を案内してくれたYさんは共通の友人を介して知り合った。「台湾の藤井さんみたいな人」と聞いていただけあって、すぐに意気投合。とはいえ理科の教師で、自宅でのコケ栽培にも熱心、SNSでは台湾のコケ愛好家グループの世話役も務める彼女は、私なんか比にならない筋金入りの苔女子だ。そのうえとても親切で、私はいまも台湾に足を向けて寝られないほど彼女にはお世話になった。

Yさんいわく、太平山には約三〇〇種のコケが確認されているが、本当はもっと多いという。ただ、コケの研究者不足で調査がなかなか進まないのだそうだ。中国語を覚えて、調査のお手伝いができたら。身のほど知らずとわかりつつ、いつかそんな恩返しができたら最高だと思う。

コケめぐりはまだまだ続く　日本の貴重なコケの森

その1

㉖猪八重渓谷
所在地 宮崎県日南市北郷町北河内
範囲 猪八重渓谷

㉗屋久島コケの森（霧島屋久国立公園 特別地域）
所在地 鹿児島県屋久島町
範囲 ヤクスギランド～安房林道～淀川登山口～淀川小屋

㉘湯湾岳山頂部一帯ならびに井之川岳
所在地 鹿児島県大島郡大和村・宇検村ならびに徳之島町・天城町
範囲 湯湾岳山頂部（宇検村側展望台ルートおよび大和村側ルート）ならびに井之川岳（大原ルート）

㉙西表島横断道
所在地 沖縄県八重山郡竹富町 西表島
範囲 農林水産省指定の西表島森林生態系保護地域・自然休養林のうち、浦内川軍艦岩～イタチキ川合流点に至る遊歩道沿い

※場所によっては利用許可が必要な所、入山料が必要な所、交通の便の悪い所があります。事前の下調べは十分に行ってください。

※日本蘚苔類学会のホームページより抜粋および地図を作成。

日本の貴重なコケ群落や環境保護・保全を目的に
日本蘚苔類学会が選定している場所が2021年6月現在で29か所あります。

①苔の洞門
所在地 北海道千歳市寒内
範囲 苔の洞門

②然別湖周辺の風穴地帯と東雲湖
所在地 北海道河東郡鹿追町・上士幌町
範囲 然別湖周辺の風穴地帯と東雲湖周辺

③奥入瀬渓流流域
所在地 青森県十和田市
範囲 奥入瀬川の十和田湖から焼山区間

④獅子ヶ鼻湿原
所在地 秋田県にかほ市象潟町中島台
範囲「鳥海山獅子ケ鼻湿原植物群落および新山溶岩流末端崖と湧水群」の名称で国の天然記念物に指定されている範囲(指定面積26.11ha)

⑤月山弥陀ヶ原湿原
所在地 山形県東田川郡庄内町
範囲 弥陀ヶ原湿原(木道沿い)

⑥イトヨの里泉が森公園
所在地 茨城県日立市水木町
範囲 イトヨの里泉が森公園

⑦奥利根水源の森と田代湿原
所在地 群馬県利根郡みなかみ町藤原および片品村大字花咲
範囲 奥利根水源の森と田代湿原

⑧群馬県中之条町六合地区入山(通称チャツボミゴケ公園あるいは穴地獄)
所在地 群馬県中之条町六合地区入山
範囲 入山穴地獄(チャツボミゴケ公園内)

⑨黒山三滝と越辺川源流域
所在地 埼玉県入間郡越生町黒山
範囲 黒山三滝周辺地域と越辺川源流域

⑩成東・東金食虫植物群落
所在地 千葉県山武市および東金市
範囲 国指定天然記念物「成東・東金食虫植物群落」全体、約3.2ha

⑪東京大学千葉演習林
所在地 千葉県鴨川市および君津市
範囲 東京大学大学院農学生命科学研究科附属演習林千葉演習林における荒樫沢および猪の川林道沿いの天然林

⑫乳房山
所在地 東京都小笠原支庁小笠原村母島
範囲 乳房山(登山口〜山頂)

⑬八ヶ岳白駒池周辺の原生林
所在地 長野県南佐久郡佐久穂町および小海町
範囲 八ヶ岳白駒池

⑭大岩千巌渓
所在地 富山県中新川郡上市町大岩
範囲 大岩千巌渓

⑮鳳来寺山表参道登り口一帯の樹林地域
所在地 愛知県新城市(旧鳳来町)
範囲 鳳来寺山表参道登り口一帯の樹林地域

⑯赤目四十八滝
所在地 三重県名張市赤目町長坂、三重県宇陀郡曽爾村伊賀見
範囲 日本サンショウウオセンター〜香落渓落合

⑰大台ヶ原
所在地 奈良県吉野郡上北山村
範囲 大台ヶ原山およびその周辺地域

⑱京都市東山山麓
所在地 京都府京都市左京区浄土寺〜北白川
範囲 南禅寺〜熊野若王子〜法然院〜銀閣寺

⑲芦生演習林
所在地 京都府南丹市美山町芦生
範囲 灰野〜七瀬谷出合

⑳船越山池ノ谷瑠璃寺境内・参道ならびに「鬼の河原」周辺
所在地 兵庫県佐用町
範囲 瑠璃寺参道、境内ならびに風穴「鬼の河原」周辺

㉑羅生門ドリーネ
所在地 岡山県新見市草間
範囲 羅生門ドリーネおよびその周辺地域

㉒龍頭峡
所在地 広島県山県郡安芸太田町大字筒賀
範囲 龍頭峡(広島県自然環境保全地域)

㉓横倉山
所在地 高知県高岡郡越知町
範囲 横倉山(登山口〜山頂)

㉔古処山
所在地 福岡県嘉麻市
範囲 古処山(登山口〜山頂)

㉕中津市深耶馬渓うつくし谷
所在地 大分県中津市深耶馬渓
範囲 深耶馬渓うつくし谷の遊歩道沿い

コケめぐりはまだまだ続く

筆者のおすすめコケスポット

その2

山梨県　奥庭の溶岩地に生える
ハリスギゴケ

東京都　高尾山
撮影：吉田有沙

元滝伏流水（秋田県）

秋田県と山形県の県境にそびえる鳥海山に染み込んだ水が、長い年月をかけて幅約30m・高さ5mの苔生す岩肌から伏流水として湧き出しています。水が清らかで夏でも涼しく、ここにコケが生えないわけがないというような気持ちの良い場所。ちょっと足を伸ばして、山形県遊佐町の苔生す胴腹滝、湧水が豊富な丸池様や牛渡川もおすすめです。

高尾山（東京都）

御岳山（P132）よりもさらに都心からアクセスがよく、施設や売店も充実しているので、山のコケめぐりの第一歩におすすめ。1号路から6号路まである登山ルートの中でも、沢に沿って歩く6号路はとくに多様なコケが見られます。一年を通して人気の山なので、できれば平日の朝早くに行くのがベストです。

海上の森（愛知県）

瀬戸市の海上町を中心に上之山町、屋戸町、吉野町、広久手町にまたがる約 600 ha の広大な敷地に、森林、湿地、農地、公園などさまざまな環境があります。2018年発足のコケ愛好者の会「苔むす会」（代表：野田ふみさん）では、この海上の森を中心にコケの分布調査を行っているほか、愛知県内外で定期的にコケ観察会やコケ講座を開催。東海地方のコケ愛好者の輪が広がっています。

奥庭・御庭・御中道（山梨県）

富士山の5合目周辺にあるハイキングコース。3か所ともすべて徒歩で回れます。富士スバルライン（有料道路）からほど近く、車やバスでルート入口付近まで行けるので、登山に自信がない人にもおすすめです。富士山の雄大な景色を眺めながら、富士山のコケが楽しめるというのはなかなかの贅沢。標高2000m以上の場所なので、防寒具はお忘れなく。

秋田県　元滝伏流水

協力（敬称略・五十音順）

新井文彦／有川宗樹／井口三月／上野潤二／太田秀樹／沖三奈絵／小原比呂志／河井大輔／木村全邦／クリストフ・クロイツベアグ／佐伯雄史／佐治まゆみ／島立正広／鈴木瑛伍／鈴木智子／鈴木英生／園田純寛／玉川えみ那／田村英子／西村正樹／波戸武仁／早水文秀／藤井尚実／古木達郎／堀内雄介／松本美津／道盛正樹／山田容子／楊玉鳳／吉田有沙／章子・リッグズ／デビッド・リッグズ

植彌加藤造園（株）／円通院／（株）サンニチ印刷 長野営業所／新宮市観光協会／（一社）西予市観光物産協会／日南市／南方熊楠顕彰館

参考文献

『日本の野生植物　コケ』岩月善之助編（平凡社）
『原色日本蘚苔類図鑑』岩月善之助・水谷正美（保育社）
『野外観察ハンドブック　校庭のコケ』中村俊彦・古木達郎・原田浩（全国農村教育協会）
『新訂版 コケに誘われコケ入門』このは編集部編（文一総合出版）
『ずかん こけ』木口博史・古木達郎（技術評論社）
『蘚苔類研究 第12巻 第4号』２０２０年7月号より「新・コケ百選　第21回ウキゴケ科」古木達郎（日本蘚苔類学会）
『銅ゴケの不思議』（佐竹研一／イセブ）
『クマグスの森―南方熊楠の見た宇宙』松居竜五（新潮社）
『新版 古寺巡礼京都〈36〉西芳寺』藤田秀岳・下重暁子（淡交社）
『コケの世界　箱根美術館のコケ庭』高木典雄・生出智哉・吉田文雄（財団法人ＭＯＡ美術・文化財団）
『苔三昧　モコモコ・うるうる・寺めぐり』大石善隆（岩波書店）
『屋久島のコケガイド』木口博史・小原比呂志・伊沢正名（財団法人屋久島環境文化財団）
『北八ヶ岳コケ図鑑』樋口正信（北八ヶ岳苔の会）
『日本の貴重なコケの森 奥入瀬渓流　コケハンドブック』河井大輔／神田啓史 監修（ＮＰＯ法人奥入瀬自然観光資源研究会）

おわりに

家の周りから始まって、北海道から屋久島にいたるまで、コケとの出会いを求めて各地をめぐり歩くうちに、コケを愛し、コケを見つめ、コケとコケをはじめとする小さな生き物たちが息づく環境を真剣に守ろうとしている人たちとたくさん出会った。執筆中は彼らの顔や言葉が幾度となく思い出され、それが書く励みにもなった。

いま日本では、花見や紅葉狩りと同じように、また部屋に花を飾るかのように、コケを愛でる気運が高まっている。多くの人は純粋にコケの美しさや不思議さに魅せられているのだと思う。私だってその一人だ。しかしその裏で、採取禁止の場所でコケがむしり取られ、山採り（乱獲）されたものが「天然物」として堂々と売られ、買われ、「流行りだから」とディスプレイに使われたコケが最後にゴミとして捨てられている現実がある。

おせっかいかもしれないが、読者の皆様にとってこの本が、コケの世界を楽しむ一助となるとともに、コケたちのこうした〝悩みごと〟にも耳を傾けてくださるきっかけとなることを願ってやまない。

近年では、コケのニーズの高まりとともに全国各地でコケ栽培が進んでいると聞く。「苔庭」というすばらしい園芸文化を生み出し、発展させてきた日本だ。どうか近い将来、「日本人は自然環境を壊さないように配慮しながらコケを楽しんでいる。さすがモス・ガーデン発祥の国、コケとのつきあい方が上手だね」と世界から一目置かれるような、そんな国になっていてほしい。

最後に。執筆者の筆が遅いばかりに後半は怒涛のスケジュールの中で、ともにコケの世界に入り込んで、この本を理想的なかたちへと結実させてくださったデザイナーの宮巻麗さん、イラストレーターの浅生ハルミンさん、そしてこの企画の立ち上がりから二年以上も伴走してくださった担当編集者の遠藤かおりさん、本当にありがとうございました。また、岡山コケの会関西支部世話役・NPO大阪自然史センター理事の道盛正樹さんはじめ、さまざまなかたちでご協力いただいた皆様にも心よりお礼を申し上げます。

さて、世界中を襲ったかの厄災のおかげで、本来なら本書で取り上げたかったコケの名所を訪れることができなかった心残りがある。筆を置いたら、まずはそちらにコケめぐりの旅へと出かけるつもりだ。

二〇二一年六月　　藤井久子